노스테라스

유서 깊은 종로구 와룡동에 위치한 노스테라스는 창덕궁을 바라보고 있는 '무지개떡' 건축물이다. 리노베이션을 통해 기존 건물이 가지고 있던 평면의 비효율성을 극복하고 역사와 자연과 도시가 공존하는 장소의 이점을 극대화했다.

기존의 계단실과 엘리베이터를 남쪽으로 옮기는 대수술을 통해 건물의 모든 층에서 창덕궁과 국악공연장을 향한 전망을 확보했고, 기존의 엘리베이터 피트는 메꾸지 않고 지하 와인 셀러로 만들었다. 지하 1층에서 지상 4층까지는 최소한의 인테리어를 통해 날것 그대로의 모습을 드러내었으며, 기존의 낮은 층고를 극복하기 위해 노출 천장으로 구성했다. 1층 전면의 개방적 처리와 2층과 5층의 테라스를 통해서 건물 내부에서도 외부 환경을 느낄 수 있도록 하여 공간을 풍성하고 재미있게 만들었다. 5층은 기존의 콘크리트 구조를 철거하고 철골 구조를 이용, 드라마틱한 장스팬과 층고를 갖는 도심 속의 개성 있는 공간으로 재구성했다.

단순한 매스 형태의 건물에 5층의 테라스와 지붕을 통해 변주가 일어나면서 노스테라스 특유의 개성을 갖게 되었다. 벽돌로 구성된 외관의 중량감은 테라스, 발코니 및 다양한 크기의 개구부가 갖는 다공성과 공존한다. 1층은 한 층 높이의 대형 박판 타일을 사용하여 다른 층과 재료적으로 구별했다.

1

2

3

4

5

6

7

8

9

10

11

12

13

14

15

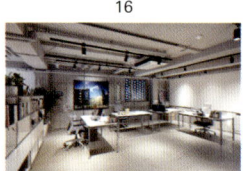
16

17

18

19

1 노스테라스 전경. 저층부 상업 기능, 중층부 업무 기능, 고층부 주거라는 무지개떡 건축의 기본 개념이 충실히 구현되었다.
2 남측 전경. 5층의 옥상마당은 도심 경관을 향해 열려 있다.
3 북서측 코너. 직선과 곡선의 경사 지붕이 주변의 다양한 한옥 지붕과 관계를 맺는다.
4 북동측 코너.
5 서울돈화문국악당에서의 전경.
6 창덕궁 안에서의 전경.
7 도로변 저층부. 개방적인 창호, 외부 계단, 발코니 등으로 다공성을 확보하고 있다.
8 1층 북카페. 표면을 긁어낸 기둥에 조명을 설치하여 날것 그대로의 미학을 강조했다.
9 1층 북카페. 한국을 소개하는 외국 서적이 전시되어 있다.
10 지하 1층 다목적홀. 다양한 문화 활동이 가능한 임대 공간으로 계획되었다.
11 지하 1층 다목적홀
12 지하 1층 다목적홀
13 2층 임대 사무실. 2, 3층에는 독서클럽인 '트레바리'가 입주하였다.
14 4층 법률 사무실. 법조인 출신인 건축주 내외가 사용하는 법률 및 스타트업 지원 사무실이다.
15 4층 법률 사무실. 노스테라스의 중층부는 여러 기능을 수용한다.
16 4층 법률 사무실.
17 5층 단독주택 거실. 곡선의 드라마틱한 천장을 가진 이 집은 남북으로 옥상마당이 조성되어 궁궐과 시내라는 두 개의 상반된 경관을 즐길 수 있다.
18 5층 단독주택 사랑방.
19 5층 단독주택 거실. 궁궐을 바라보는 북측 발코니에서 'North Terrace'라는 건물명이 비롯되기도 했다.

사진:
김용관

변경 후
34 위치도
35 배치도
36 평면도
44 입면도
45 단면도

변경 전
46 평면도
47 입면도·단면도

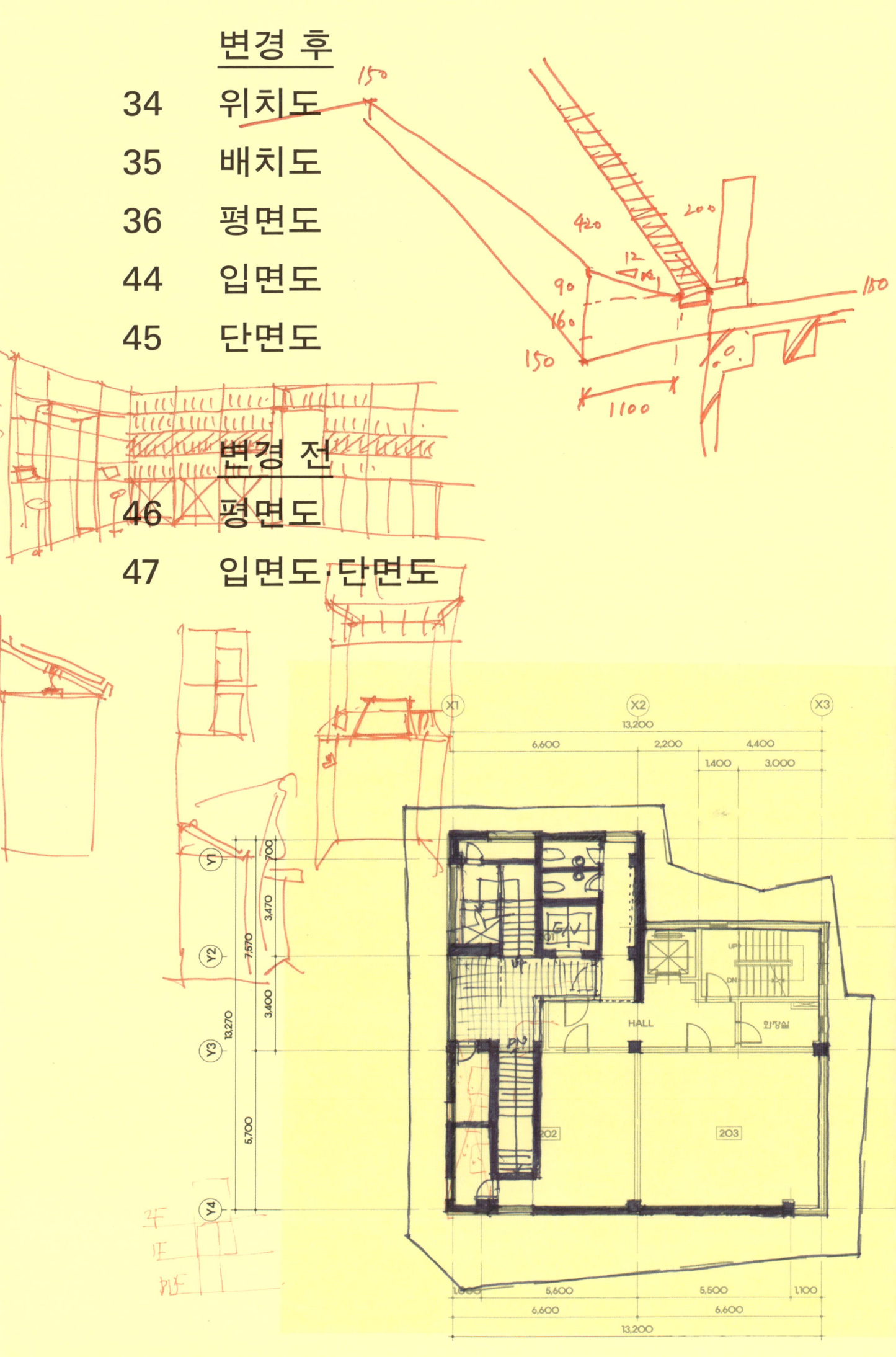

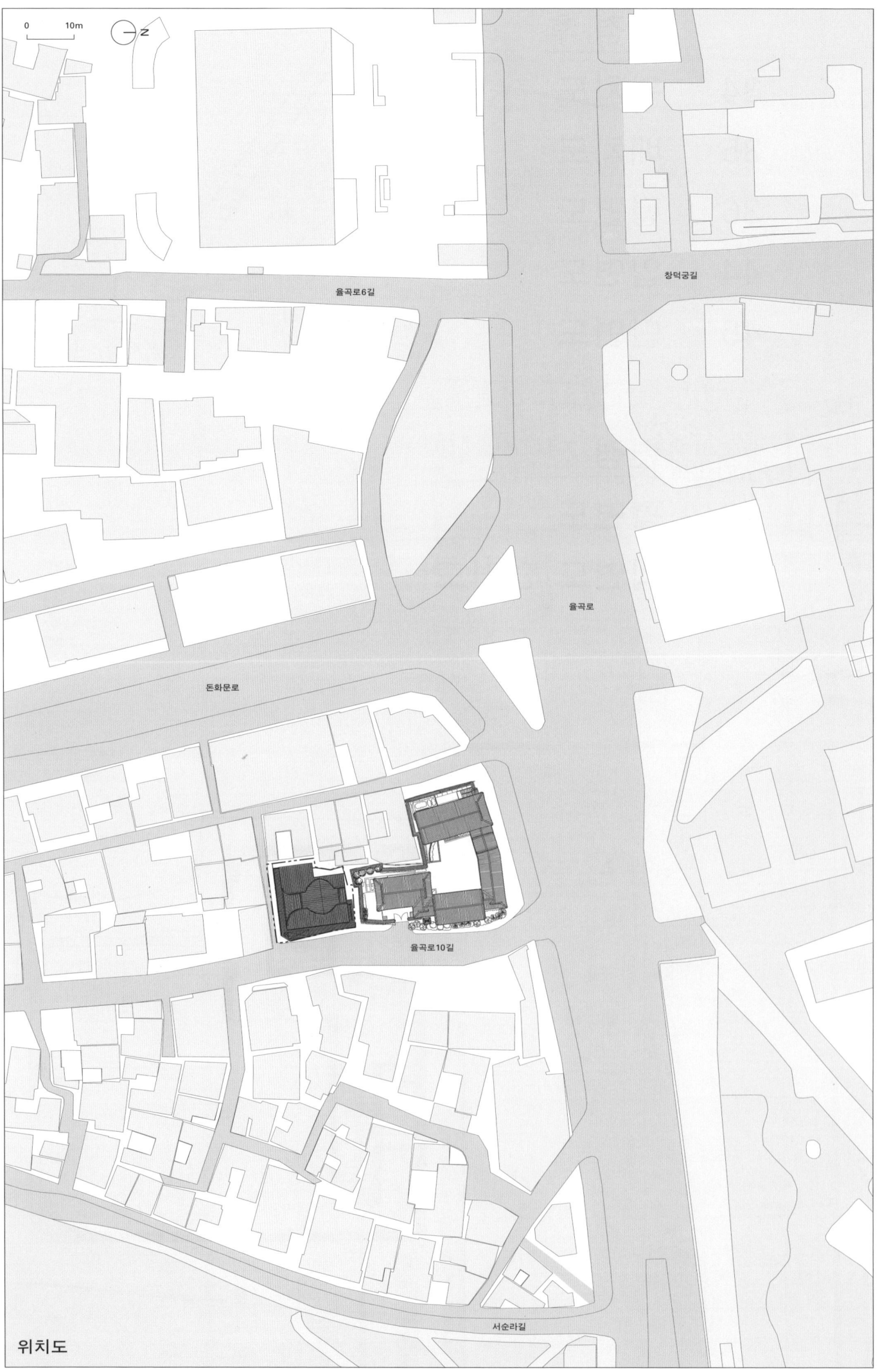

위치도

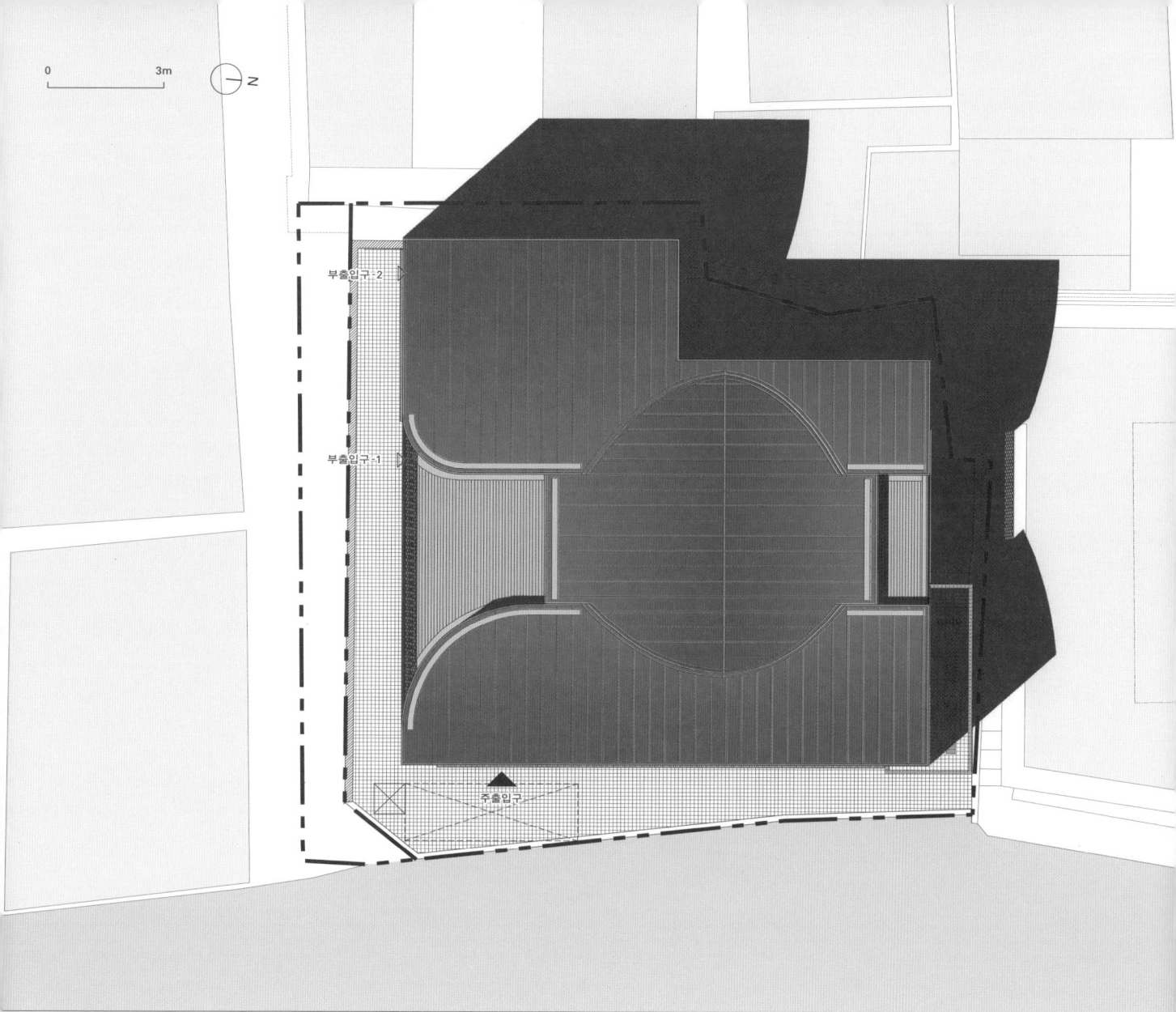

배치도

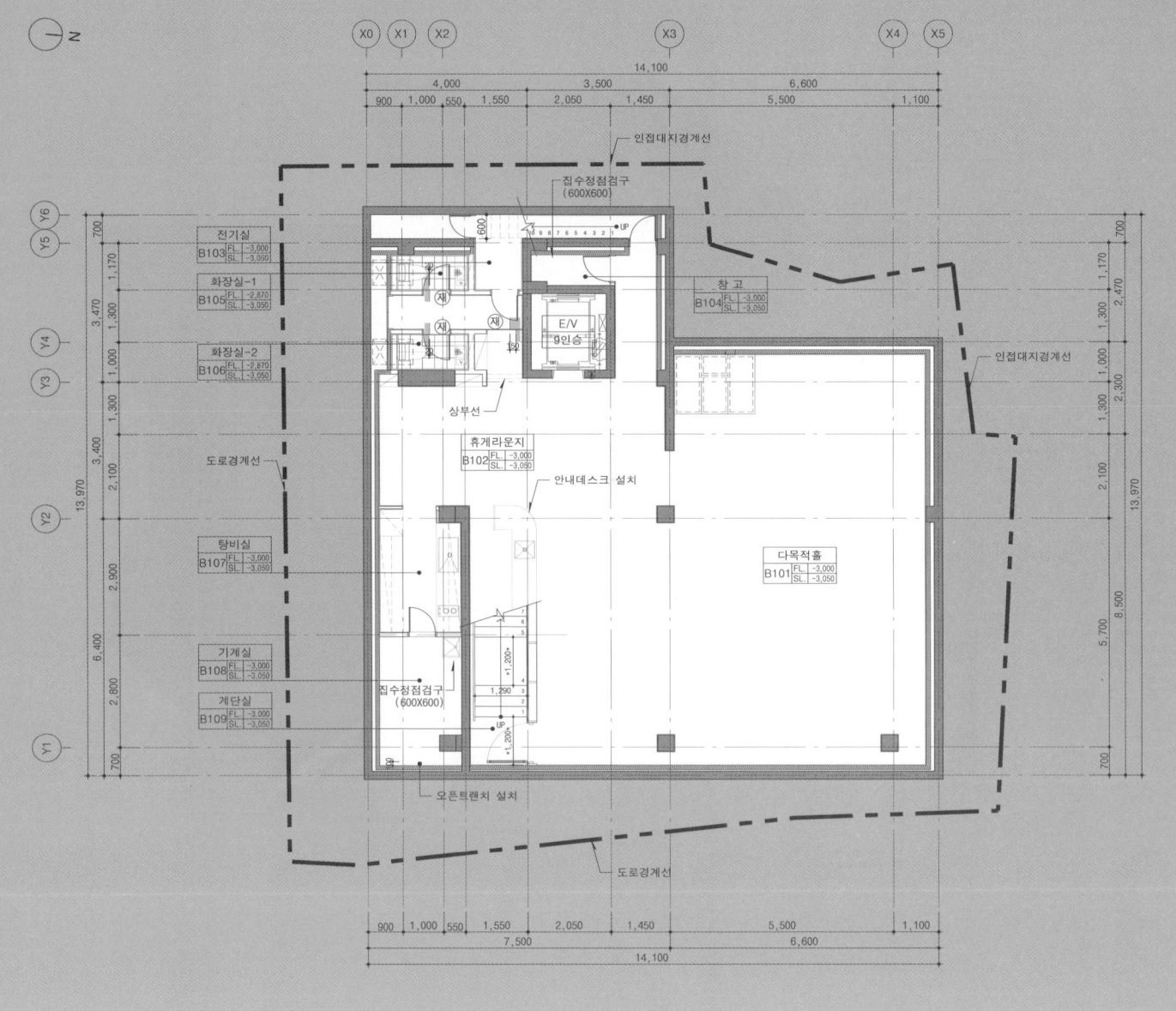

지하 1층 평면도

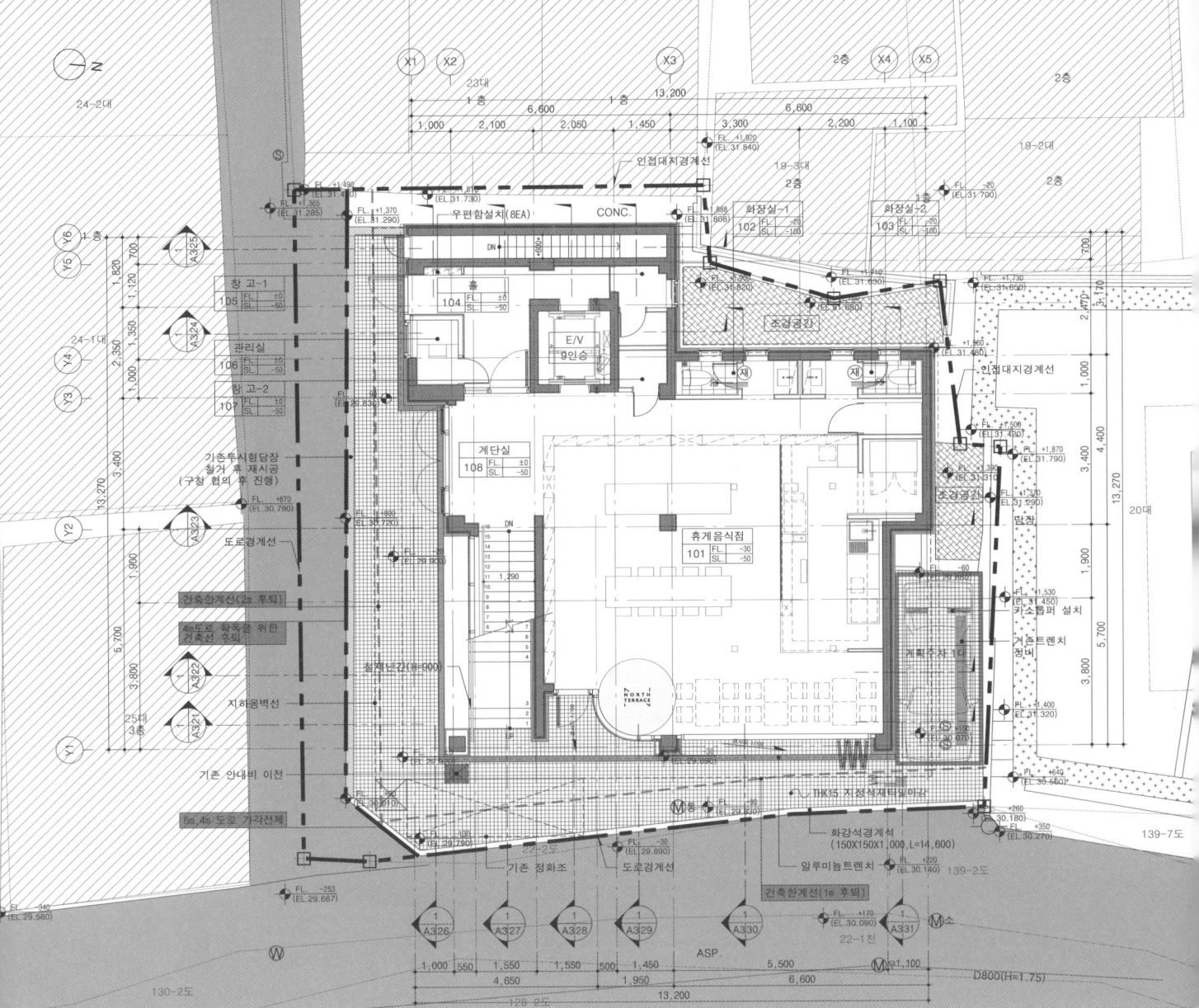

지상 1층 평면도

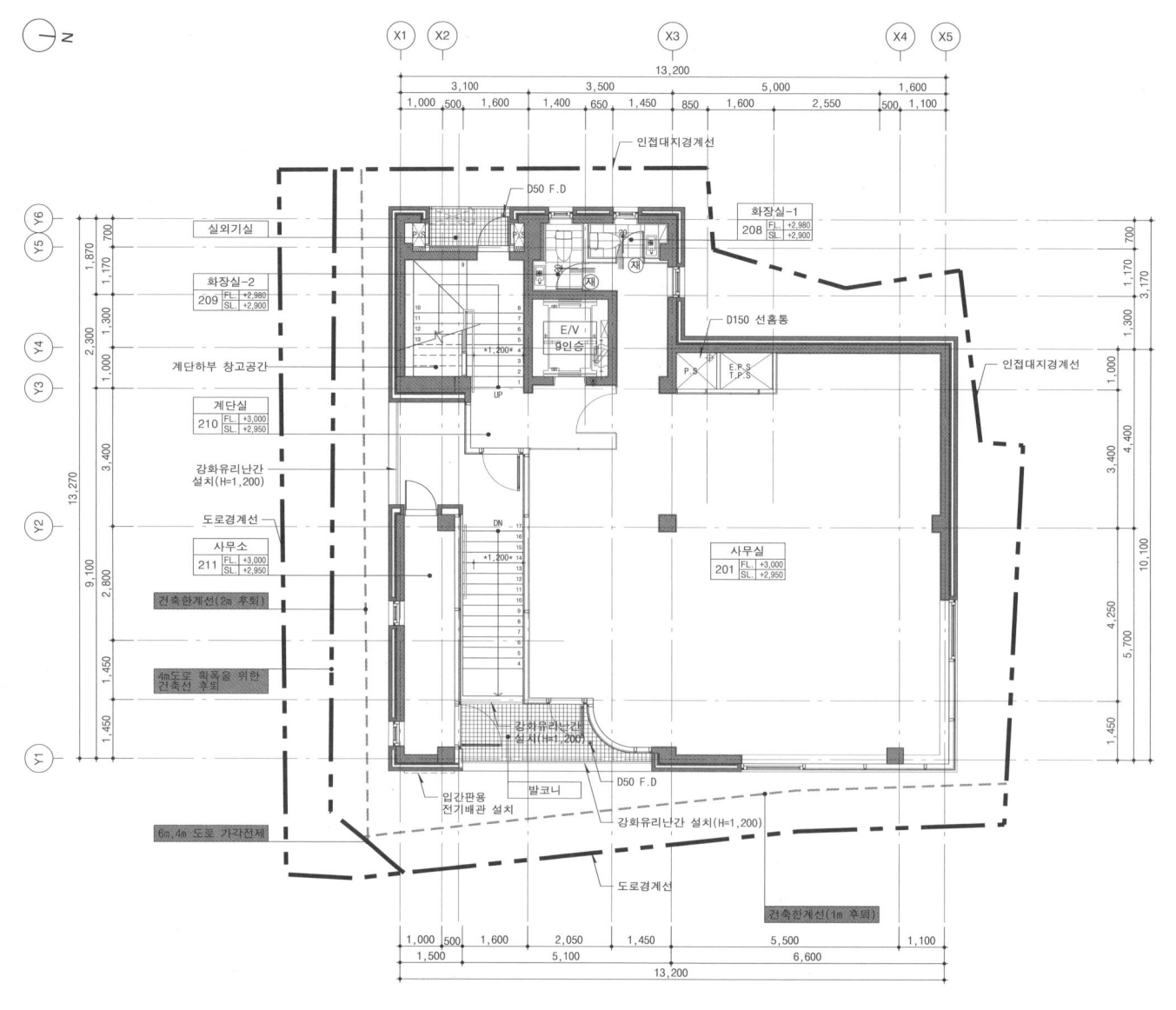

지상 2층 평면도

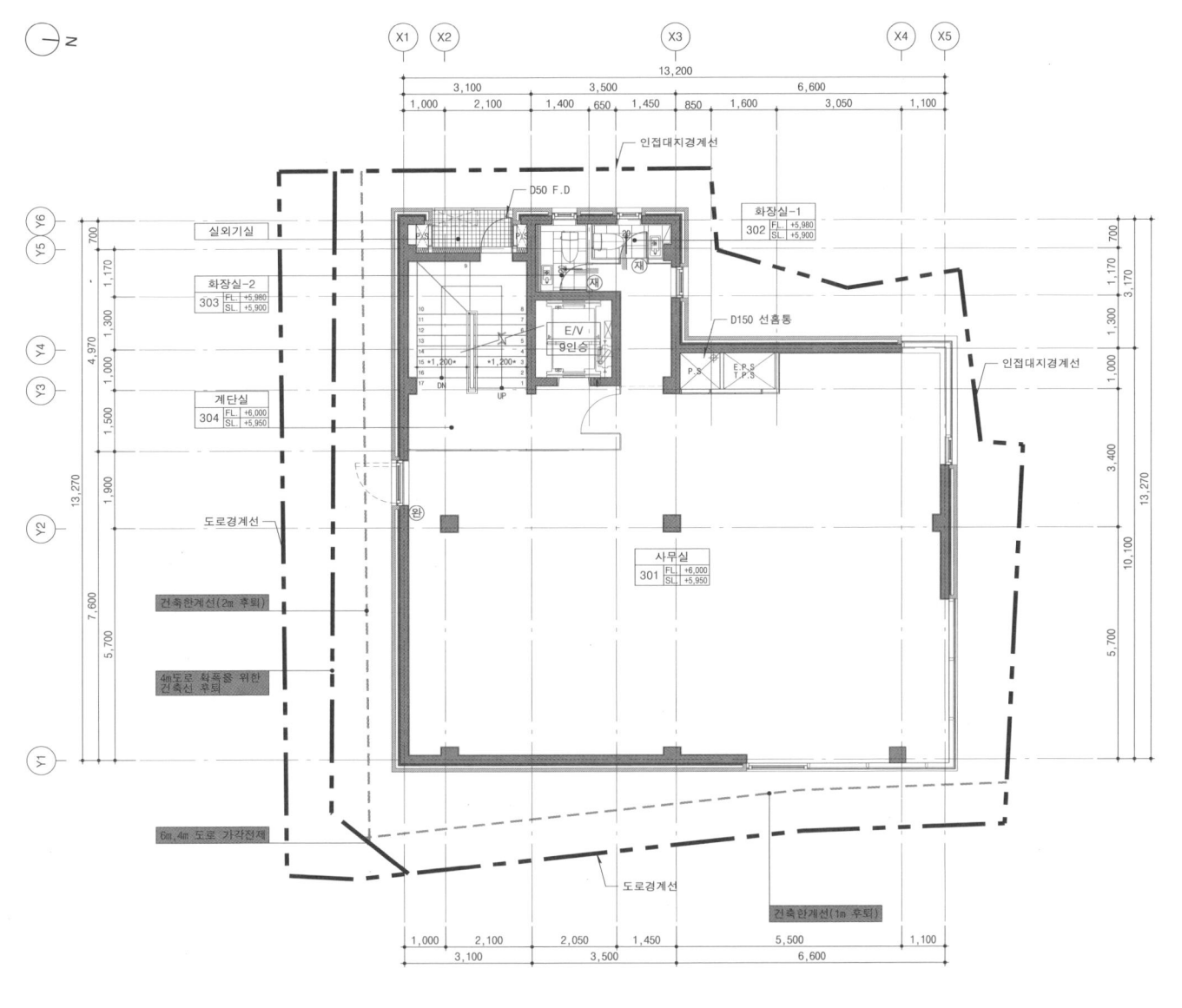

지상 3층 평면도

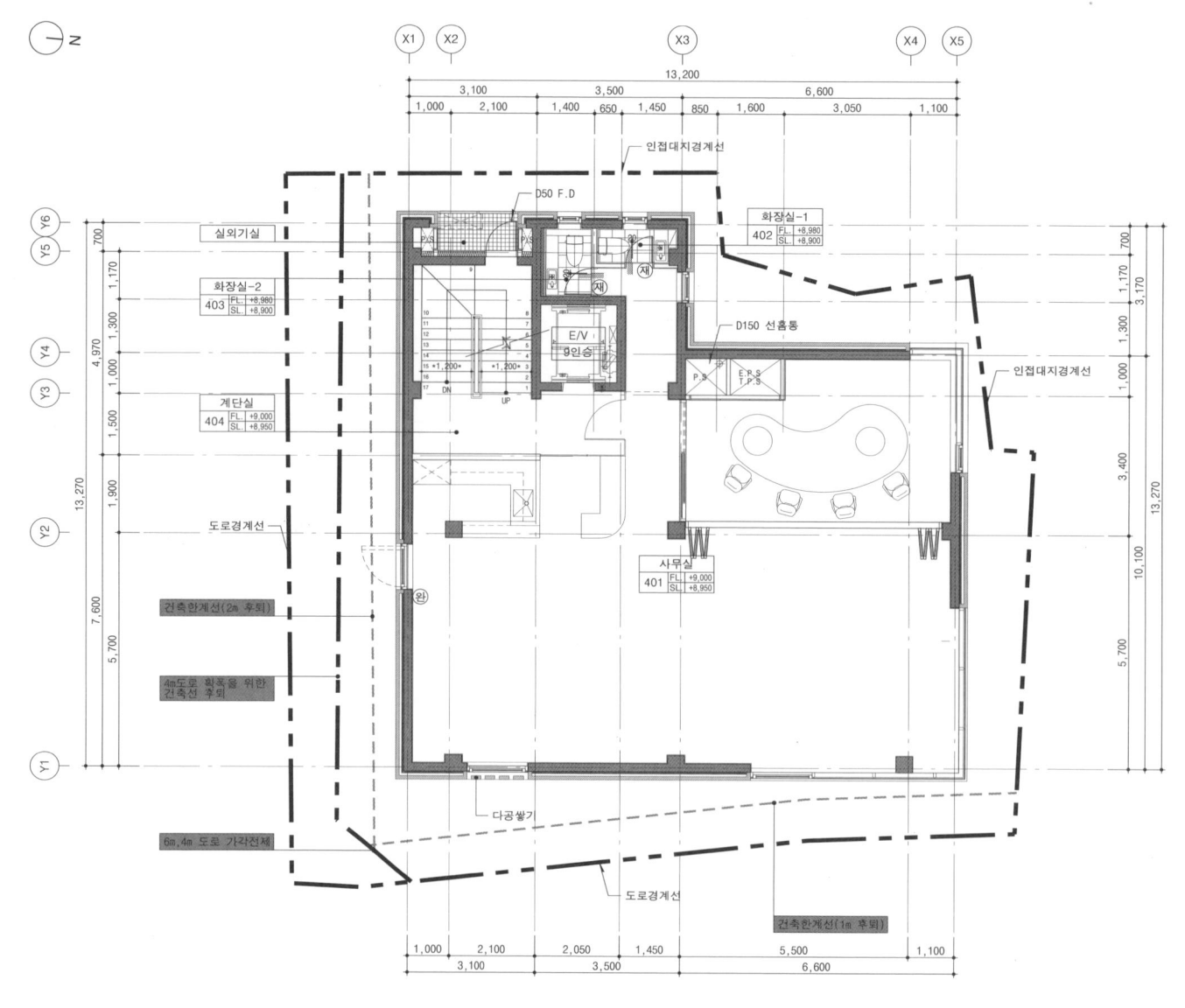

지상 4층 평면도

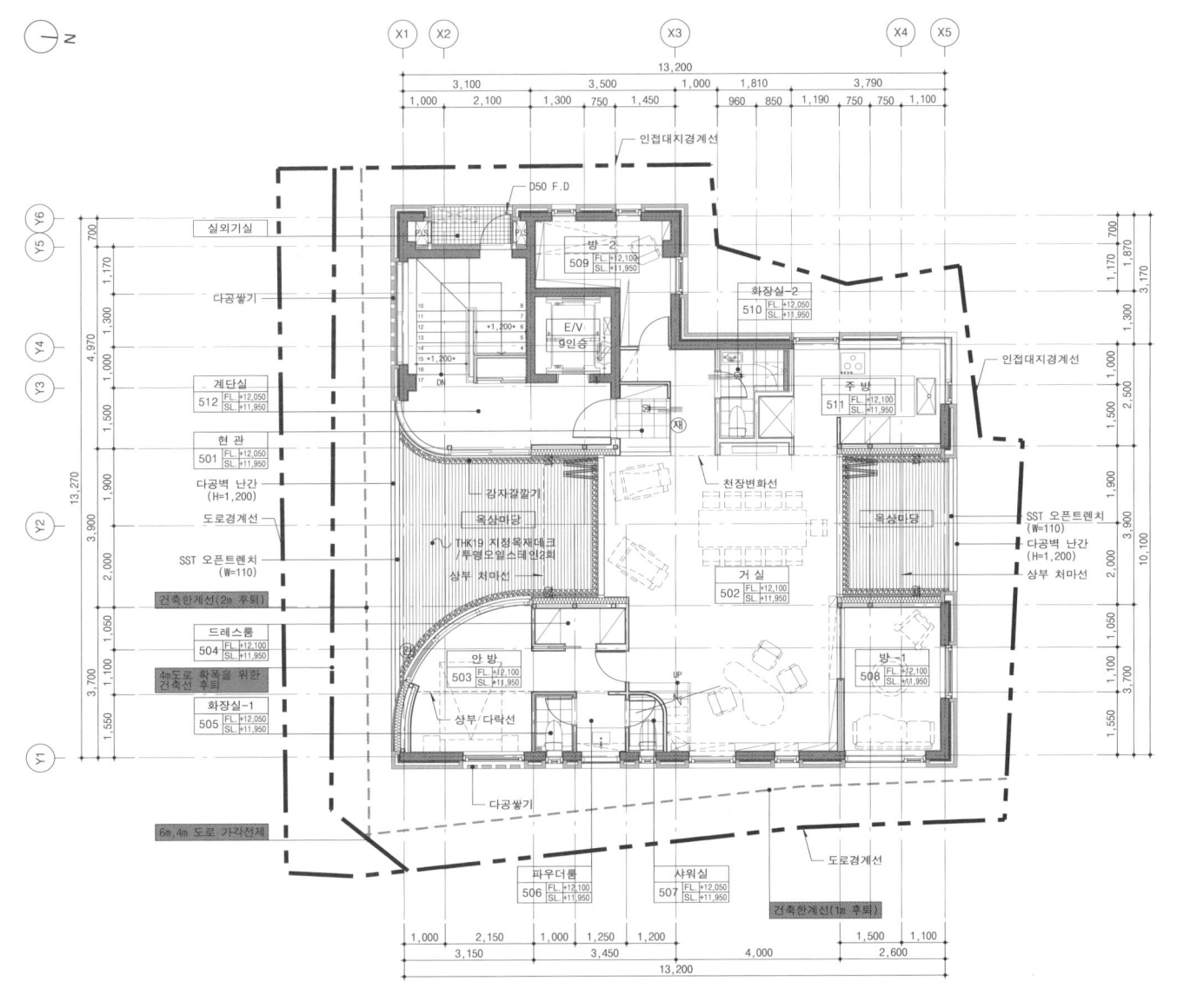

지상 5층 평면도

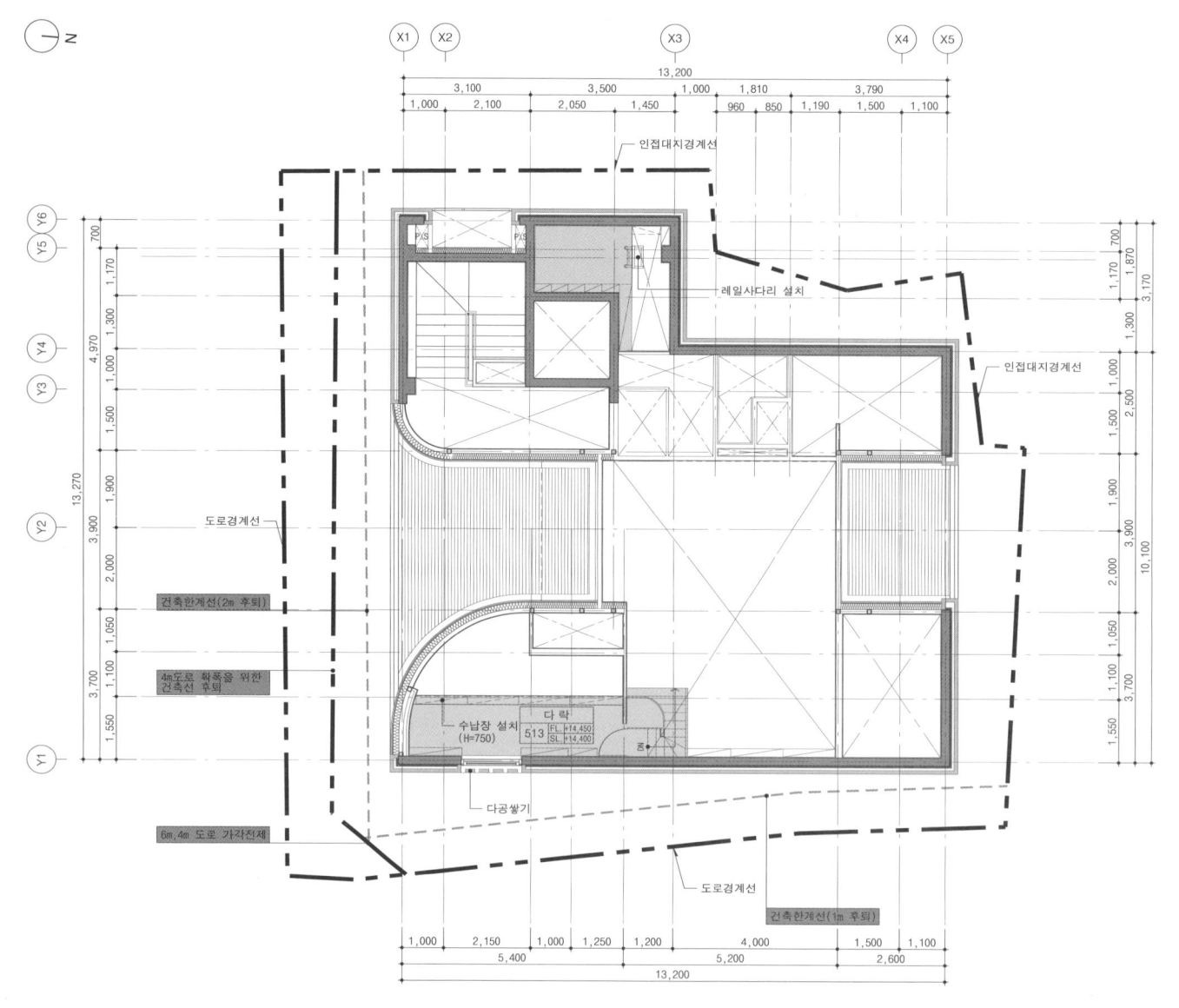

다락층 평면도

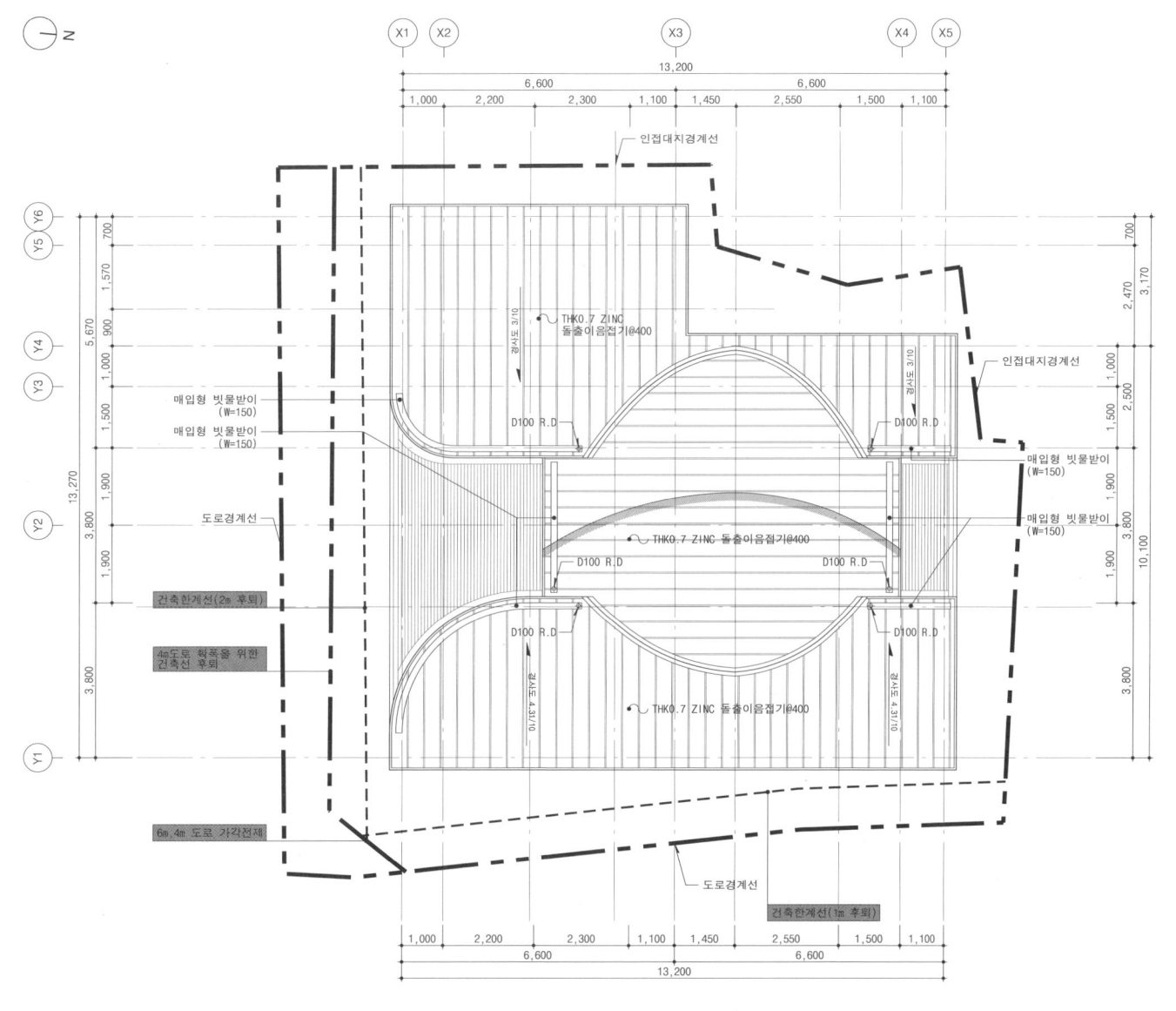

지붕층 평면도

동측면도

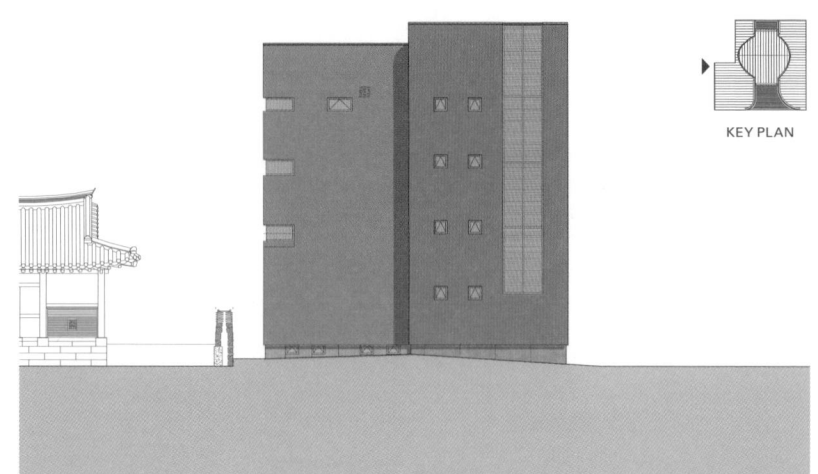

서측면도

남측면도

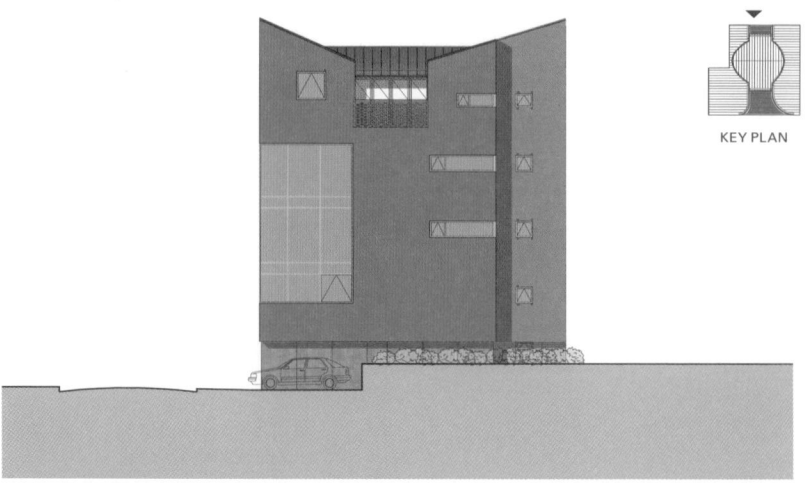

북측면도

1 다목적홀
2 카페(휴게음식점)
3 계단실
4 임대 사무실
5 임대 사무실 및 법률 사무실
6 단독주택
7 다락
8 화장실

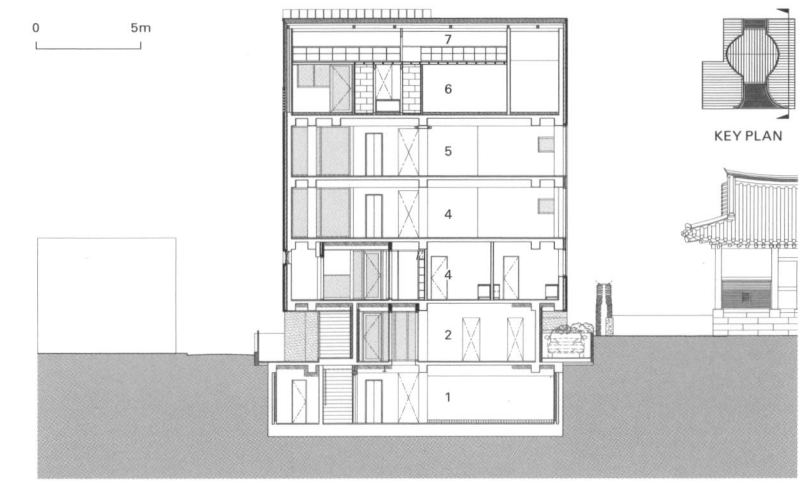

단면도-1

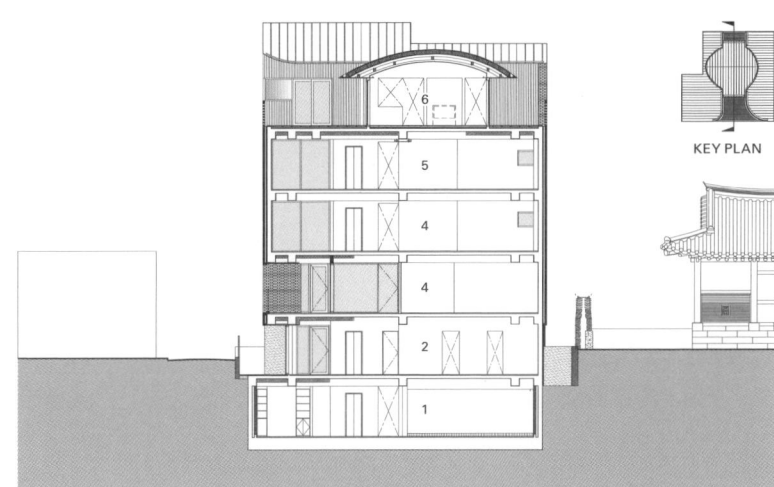

단면도-2

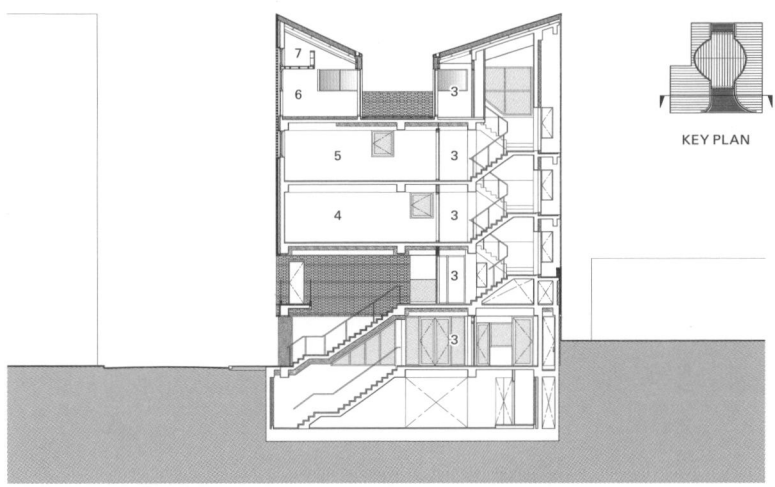

단면도-3

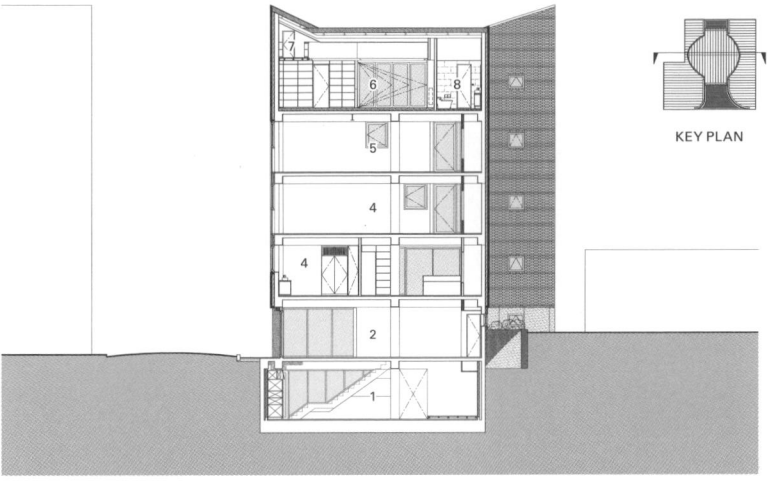

단면도-4

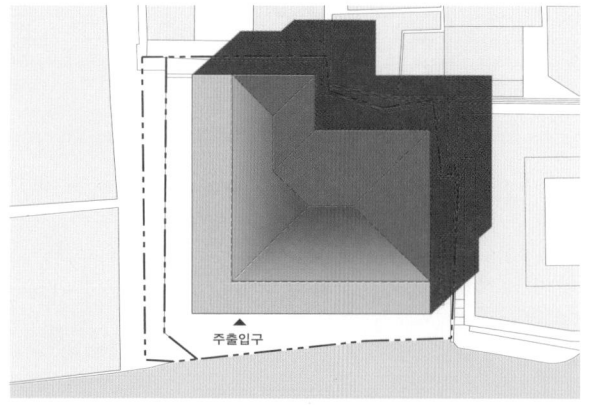

배치도(변경 전)

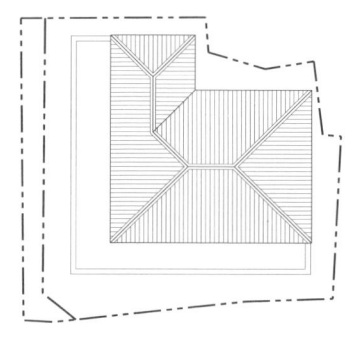

지붕 평면도(변경 전)

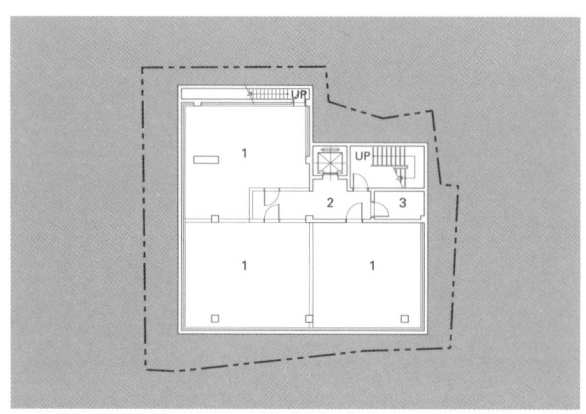

지하 1층 평면도(변경 전)

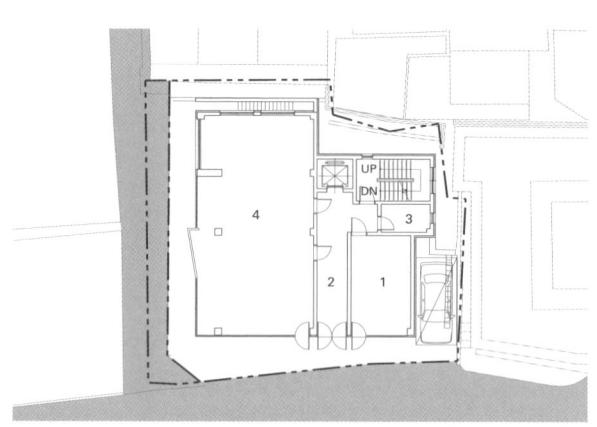

지상 1층 평면도(변경 전)

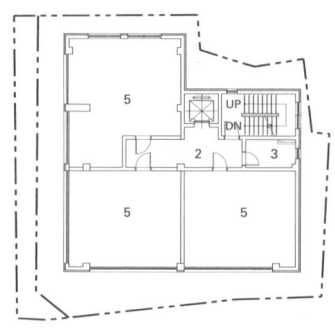

지상 2층 평면도(변경 전)

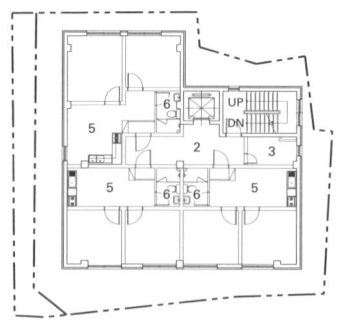

지상 3층 평면도(변경 전)

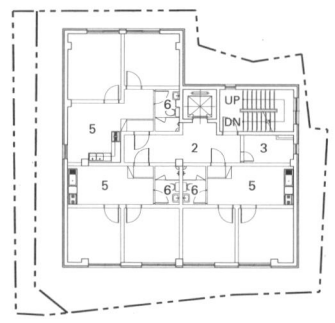

지상 4층 평면도(변경 전)

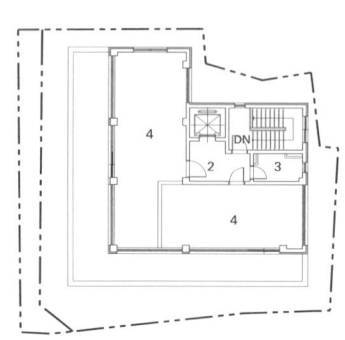

지상 5층 평면도(변경 전)

1 소매점
2 홀
3 창고
4 일반음식점
5 호스텔
6 화장실

동측면도(변경 전)

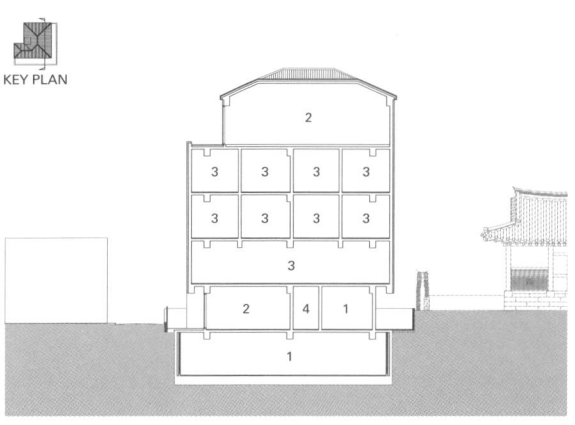

단면도-1(변경 전)

서측면도(변경 전)

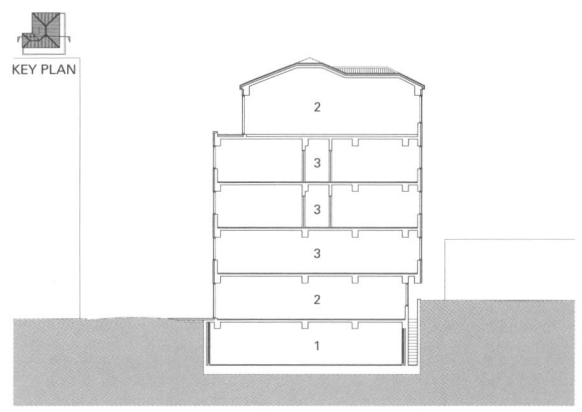

단면도-2(변경 전)

1 소매점
2 일반음식점
3 호스텔
4 홀

남측면도(변경 전)

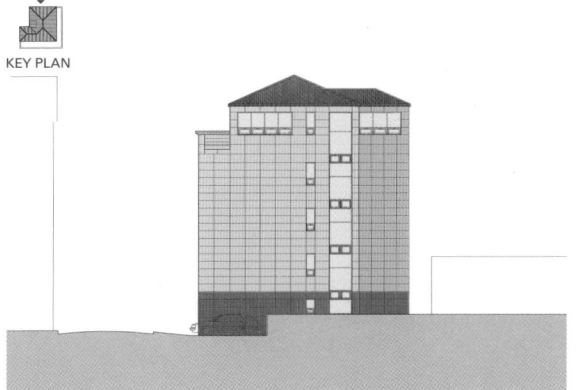

북측면도(변경 전)

51	발간사	김왕직
52	작품상 선정 과정	송석기
56	수상자의 글	황두진
62	크리틱 1	김현섭
72	크리틱 2	박정현
78	크리틱 3	조남호
88	작품상 운영규정	

발간사

한국건축역사학회 작품상이 올해로 3회를 맞았습니다. 올해는 1991년에
창립한 우리 학회가 30주년을 맞이하는 뜻깊은 해인 만큼 그 의미가 더욱
남다른 것 같습니다. 우리 학회는 한국건축사 및 건축 이론을 연구하고
후학 양성을 양성하며 이와 관련된 학문 진흥을 주목적으로 설립되었으며,
문화재와 한옥, 건축 이론과 비평 분야에서 많은 역할을 해 왔습니다.
작품상의 선정과 기준에도 설립 목적이 반영되어 시간적 층위와
역사적 맥락이 담긴 작품을 선정하고 있습니다. 매우 까다롭고 어려운
기준이지요. 대개의 건축에서는 이를 반영하기란 쉽지 않기 때문에
후보 작품 수도 많지 않지만 그만큼 수상하기가 어렵다고 할 수 있습니다.

역사학자로서, 작품과 건축 이론이 전문 분야가 아닌 제가 보기에도
황두진 건축가의 노스테라스 작품은 감동적입니다. 규모가 크지도
화려하지도 않지만, 더군다나 신축도 아니고 리노베이션 건물인데도
건축가의 철학을 이렇게 잘 담을 수 있을까, 한국건축의 이론과 경험적
바탕이 워낙 탄탄하고 이 분야의 대가로 널리 알려진 건축가이지만
역시 명불허전이구나, 새삼 감탄을 하게 됩니다.

그리고 황두진 건축가가 제시한 '무지개떡 건축'을 지지합니다.
도시의 어울림과 인간적 삶, 효율에서 용도별 지역지구제에 의한 공간의
분리가 얼마나 많은 폐해를 주는지 알고 있습니다. 고대 중국의 주나라
도성은 9개의 그리드 중앙에 왕성이 자리 잡고 있었기 때문에 도시의
소통과 민간의 삶에 얼마나 많은 불편을 주었는지 우리는 잘 알고
있습니다. 이후 왕성은 북쪽으로 옮겨갔지만 주작대로에 의한 좌우 양분
및 동시와 서시라는 지구의 지정으로 비효율적 체계는 계속되었습니다.
그러나 조선의 한양도성에서는 주작대로를 없애고 시전행랑이라는
아케이드 개념의 시장을 도입하여 권위와 형식보다는 인간적인 삶과
도시의 효율을 추구했습니다. 황두진 건축가의 '무지개떡 건축'을 저는
그렇게 이해했습니다.

다시 한 번 황두진 건축가의 수상을 축하하면서 선정위원장을 맡은
우리 학회 송석기 부회장님 이하 선정과 심사, 작품평, 작품집의 편집과
출간에 이르기까지 애써주신 모든 분께 감사드립니다. 그리고 무엇보다도
작품상을 후원해주고 계시는 심원문화사업회 이태규 대표께도 감사의
말씀을 드립니다. 한국건축역사학회는 앞으로도 건축 및 도시의 적층된
시간의 힘을 창의적으로 드러내는 좋은 작품 선정을 위해 노력할
것입니다. 감사합니다.

2021년 12월

김왕직
한국건축역사학회 회장
명지대학교 교수

제3회 한국건축역사학회 작품상 선정 과정

송석기
한국건축역사학회 부회장
군산대학교 교수

(사)한국건축역사학회(회장 김왕직) 제15대 이사회에서는 제2회 및 제3회 한국건축역사학회 작품상 선정을 위해 2020년 3월 작품상위원회(위원장 송석기)를 새로 구성하였다. 이후 2020년 12월 제2회 작품상을 선정 발표하였고, 2021년 4월 17일 시상식을 개최하였다. 제3회 작품상 선정을 위한 준비는 2021년 2월부터 시작되었다. 이사회에 작품상 후보작 추천을 요청하였고 5개월 동안의 선정 과정을 통하여 2021년 7월 황두진(황두진건축사사무소)의 노스테라스(준공 2017)를 제3회 한국건축역사학회 수상작으로 발표하였다. 제3회 작품상 선정 과정과 작품상위원회에서 논의되었던 선정의 이유를 다음과 같이 간략히 기록으로 남긴다.

작품상 제정의 배경 및 선정 기준

한국건축역사학회 작품상은 건축역사 이론과 건축설계 실무를 긴밀하게 연계시키려는 배경에서 제정되었다. 이것은 한국건축역사학회의 설립 목적인 건축역사와 이론, 비평의 학문적 계승과 발전을 통해 건축문화 진흥에 기여한다는 점과도 부합한다. 이에 따라 한국건축역사학회 작품상의 선정 기준은 "건축설계 분야에서 건축 및 도시의 역사적 맥락을 뛰어나게 해석하여 적층된 시간의 힘을 창의적으로 드러낸 최근 준공작을 대상으로 하며, 그 건축가에게 수여"하는 것으로 정하고 있다. 즉, 한국건축역사학회 작품상에서는 건축물이 시간적 흐름을 얼마나 심도 있게 다루고 있는 것인가를 보고자 하였다. 수상 후보자의 자격은 학회 회원이 아니어도 무방하고 건축설계 작품을 실현한 건축가 누구나 대상이 되도록 하고 있다.

작품상위원회의 구성과 선정 방식

작품상위원회는 학회 회원으로 구성하였는데, 위원장을 포함하여 최원준(숭실대 교수), 김현섭(고려대 교수), 이종우(명지대 교수), 남성택(한양대 교수), 박정현(마티 편집장), 장필구(동양미래대 교수) 등이 참여하였다. 이후 작품상 최종 선정 과정에는 작품상 선정 소위원회를 구성하여 정귀원(제대로랩 대표), 김정은(SPACE 편집장) 등의 외부인사 2인과 위원장(송석기)을 포함한 작품상위원회 2인 (최원준, 남성택)이 참여하였다.

수상후보작의 추천 방식과 수상작의 선정 절차는 "① 수상후보작은 학회 이사의 추천으로 한다. 작품상위원회에서는 기간을 정하여 수상후보작 추천 절차를 진행한다. ② 작품상위원회는 추천된 작품을 대상으로 1차 심사를 진행하여 3배수 이내의 수상후보작을 선정한다. ③ 작품상위원회는 작품상선정소위원회를 소집하여 2차 심사를 진행한 후 최종 수상작을 선정한다"라고 정한 운영 규정에 따라 진행하였다.

최종 후보작의 선정 과정

2021년 2월부터 제3회 작품상 선정을 위한 작품상위원회의 활동이 시작되어 2021년 6월 최종 후보작 세 작품을 추천하기까지 총 6회의 대면 및 비대면 회의가 열렸고, SNS를 통한 의견 교환이 수시로 진행되었다. 이 기간 동안 제3회 작품상의 운영 방향에 대한 작품상위원회 위원 사이의 다양한 의견이 제기되고 검토되었다. 특히 제1회와 제2회 작품상 수상작이 규모가 있는 공공 용도의 리모델링 작품이었다는 점에서 소규모 개인 주택과 같은 신축 작품도 적극적으로 발굴하여 후보작에 포함하는 것으로 의견을 모았다. 또한 제1회와 제2회 작품상 선정 과정에서 최종 후보작에 포함되지 못한 모든 후보작을 제3회 작품상 후보작에 포함하였다. 추천된 후보작에 대한 광범위한 자료 검토를 거쳐 작품상위원회에서는 최종 후보작 세 작품을 추천하였다.

작품상 최종 후보작으로는 노스테라스 외 소하동 주택(임윤택/ 원더아키텍츠, 박진희/니즈건축), 제주 오시리가름 협동조합주택 (이은경/이엠에이 건축사사무소)이 선정되었다. 작품상위원회에서는 "세 작품 모두 건축과 도시의 장소적 맥락을 뛰어나게 해석한 작품"이라는 점에서 최종 후보작으로 추천하였고 "이들 작품에 우열이 있기보다 프로젝트마다 현실적인 문제의식과 해석이 다르다"는 점에 공감하였다. 따라서 제1회와 제2회 작품상과 마찬가지로 수상작으로 선정되지 못한 두 작품에 대해서도 최종 후보작의 영예로서 상장을 수여하는 것으로 의견을 모았다.

최종 후보작 추천 이유

소하동 주택은 한옥과 같은 한국의 전통 뿐만 아니라 20세기 한국 도시의 복잡함, 서양 건축 이론 등을 모두 같은 거리에 있는 참조 대상으로 삼고 있다. 구멍가게의 타이폴로지, 내외부의 전이 공간 역할을 한 툇마루를 연상시키는 긴 현관을 시작점으로 삼아 평면을 풀어나가면서, 내부에서는 노출 콘크리트, 목재, 철 등의 다양한 재료, 장식적으로 보일 수 있는 형태 등을 통해 절충적인 제스처를 나타낸다. 즉, 이 땅에 있었던 건축적 현실 위에 현재의 의미 있는 건축적 논의를 더함으로써 시간적, 지역적 연속성 위에서 이루어지는 일종의 변주를 건축의 정체성으로 삼고 있다. 이러한 측면에서 소하동 주택은 최근 한국의 버내큘러(vernacular)를 작업의 모티브로 삼는 일군의 작업 가운데 뛰어난 완성도를 자랑하는 작품이라고 평가할 수 있다.

제주 오시리가름 협동조합주택은 농촌 내에 위치하며 규모와 재료의 사용에서 기존 마을과의 조화를 추구하고 있다. 16개 단독주택과 공용시설로 구성된 또 하나의 '마을'인 협동조합주택은 원주민 마을과 새로 유입된 이주민 마을 사이의 관계, 그리고 조합을 형성한 귀농인들 사이의 사회적 관계의 문제를 프로그램적, 건축적, 경관적으로 해결하고 있다. 이것은 대량으로 주거가 공급된 근대기 이후의 사회에서 공동체의 가능성을 고민하면서 지속되고 있는 '거주자 참여 설계'와 같은 다양한 실험적 프로젝트의 연장선상에 있다. 제주 오시리가름 협동조합주택은 귀농 현상 속에서 정형화된 '전원주택 단지'의 배타성과 고립성, 그리고 상업성에 대한 이 시대의 해결책을 제시하려는 시도라고 평가할 수 있다.

수상작 선정 과정 및 이유

수상작 선정을 위해 최종 후보작에 대한 현장 심사와 공개 토론회를 진행하였다. 최종 후보작이 서울과 광명, 제주도에 위치하고 있었기 때문에 작품상위원회 위원과 선정 소위원회 외부위원이 함께 각각의 작품을 답사하여 현장 심사를 진행하였고, 2021년 7월 10일 온라인으로 '제3회 한국건축역사학회 작품상 후보작 토론회'를 실시하였다. 토론회 이후 7월 16일 온라인으로 진행된 선정소위원회에서 노스테라스를 제3회 한국건축역사학회 작품상 수상작으로 결정하였다.

황두진(황두진건축사사무소)의 노스테라스를 제3회 한국건축역사학회 작품상 수상작으로 선정한 이유(작품상위원회 최원준 위원 정리)는 다음과 같다.

최종 후보작-소하동 주택 ⓒ최진보

최종 후보작-제주 오시리가름 협동조합주택 ⓒ노경

"이 작품은 그 바탕이 되는 역사적 탐구의 밀도와 건축적 제안의 보편적 효용성에서 가장 높은 평가를 받았다. 창덕궁 인근이라는 입지, 기존 건물의 리노베이션이라는 점이 작품에 기본적으로 다양한 시간의 층위를 부여하지만, 이에 더해 건축가가 '무지개떡 건축'이라 명명한 건축유형의 완성도 높은 구현이라는 점에 위원회는 주목하였다. 건축가는 지난 몇 년간 『무지개떡 건축』[1], 『가장 도시적인 삶』[2] 등 저술을 통해 폐쇄적인 단지형 아파트와 단일 용도의 상업건축이 초래한 우리의 도시적 문제에 대응하여 적정한 밀도와 복합적 프로그램을 갖춘 '무지개떡 건축'을 제안하였으며, 그 시초라 할 수 있는 1960-70년대의 상가아파트를 답사와 문헌조사를 통해 적극적으로 조명하였다. 역사적 선례에 대한 충실한 연구에 기반한 그의 유형적 제안은 우리가 도시에 모여 사는 근본적인 이유 중 하나인 거리의 활기를 확보하고 지속시킬 수 있는 보편적인 실천안으로서 가치를 지니고 있으며, 전통 건축에서 추출한 다공성, 중첩된 기하학과 같은 특성은 기후에 대한 건물의 대응을 강화하고 그 공간적 경험을 보다 풍부하게 해준다. 이러한 다양한 속성을 갖춘 노스테라스는 역사의 지혜가 오늘날의 건축, 도시적 요구와 공명하여 앞으로의 비전을 제시하는 모습을 생생하게 예시하기에, 한국건축역사학회 제3회 작품상 수상작으로서 충분한 가치가 있다고 하겠다."

[1] 『무지개떡 건축(회색도시의 미래)』, 메디치미디어, 2015.

[2] 『가장 도시적인 삶(무지개떡 건축 탐사 프로젝트)』, 반비, 2017.

수상자의 글

황두진
황두진건축사사무소 대표

이론이 이상태(理想態)라면 작품은 현실태(現實態)다. 이론은 문자라는 비물질적 수단을 통해 구축하는, 사고와 개념의 추상적 세계다. 반면 작품은 재료와 공법과 같은 물질적 요소 뿐 아니라 법과 제도와 같은 비물질적 요소까지 동시에 다루는 복합적인 과정을 통해 만들어진다. 이론이 수평선 너머, 혹은 산꼭대기 위 어딘가에서 빛나고 있는 등불 같은 것이라면, 작품은 이를 향해 날아가는 불나방의 몸짓 같은 것이다. 그 과정이 아무리 지난하고 끈질긴 것이어도 작품은 결코 이론의 핵심에 도달할 수 없다. 왜냐하면 작품이 이론을 향해 갈수록 이론은 더욱 정련되며, 그 만큼 더 멀어지고 더 높아지기 때문이다. 하지만 이론이라는 등불이 없다면 불나방은 애초에 날아갈 곳을 찾기 어렵다는 점에 이 영원한 추격전의 의의가 있다.

크게 두 부류의 건축가가 있다고 생각한다. 어떤 건축가는 그 이름을 들으면 작품이 생각난다. 반면 어떤 건축가는 이론이 생각난다. 물론 이도 저도 아니거나 둘 다인 건축가도 있을 것이다. 잘 알려진 건축가들 중에서 굳이 거명해 보자면 에로 사리넨(Eero Saarinen)이나 알바 알토(Alvar Aalto) 같은 같은 사람이 전자고, 르 코르뷔지에(Le Corbusier)나 렘 콜하스(Rem Koolhaas) 같은 사람이 후자에 속한다고 하겠다. 우열을 가리기 어려울 정도로 뛰어난 건축가들임에도 불구하고 성향의 차이는 극명하다. 에로 사리넨이나 알바 알토는 훌륭한 작품을 남겼지만 적어도 본인 스스로가 특별히 언급할만한 이론적 작업을 별도로 수행하지는 않은 것 같다. 반면 르 코르뷔지에나 렘 콜하스는 작품 못지 않게 이론적 저술에 열심이었다. 물론 전체적으로는 후자가 소수이며 이론적 토대가 약한 국내에서는 더욱 그렇다.

이론이란 개별적인 개념이나 아이디어와는 다른, 일종의 시스템이다. 이론은 현실에 대한 관찰과 판단으로 시작한다. 이렇게 해서 도출된 각 개념들은 따로따로 존재하는 것이 아니라 서로 체계적으로 연계되어야 한다. 즉 감각적 표현이나 개념어의 느슨한 집합만으로는 이론이 되기 어렵다. 나아가 이론은 구체적인 실행 방법론까지 제시할

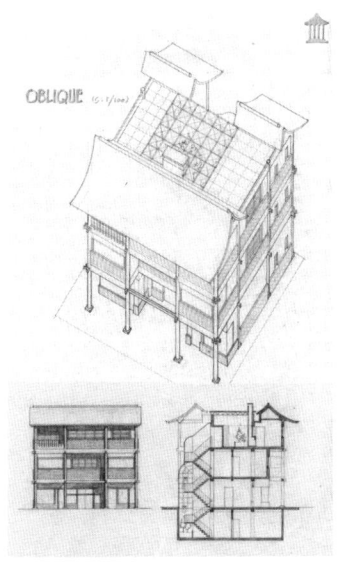

그림 1. 대학 3학년 과제물
'종로 재동 프로젝트', 황두진 제공

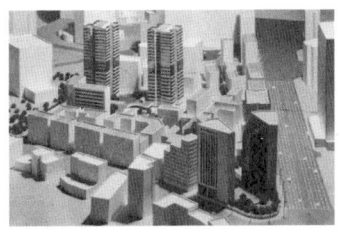

그림 2. 학부 졸업 작품
'북창동 재개발 프로젝트', 1985, 황두진 제공

그림 3. 행복도시 기본계획 국제현상공모,
2005, 황두진건축사사무소 제공

그림 4. 웨스트 빌리지, 2009 ⓒ박영채

수 있을 정도의 확장 가능성을 갖고 있어야 한다. 마지막으로 이 모든 것이 종합되었을 때 과연 어떤 세계를 지향하고 있는가에 대한 가치관과 사상의 존재가 필수적이다. 정리하자면, 이론은 지식과 개념, 그리고 가치관의 체계적 네트워크라고 할 수 있을 것이다.

이번 건축역사학회 작품상의 심사 과정 및 심사평을 통해 노스테라스라는 '작품'과 더불어 무지개떡 건축이라는 '이론' 역시 수상작 선정의 근거가 되었다는 것을 알게 되었다. 역으로 이것은 그만큼 노스테라스가 현실태로서 갖고 있는 수많은 제약 및 이론과의 간극에도 불구하고, 무지개떡 건축 이론이라는 이상태에 상당히 접근하고 있는 사례라고 평가 받은 결과이기도 할 것이다. 그런 점에서 이론과 작품 양면에 있어서 그동안의 전개 과정을 조망해 보는 것이 의미있으리라 생각한다.

무지개떡 건축 이론은 그간 여러 경로를 통해 밝혔던 것과 마찬가지로 학생 시절 인사동의 도심공동화 현상을 목격하면서 가졌던 의문, 즉 '도심에 사람이 살려면 어떤 건축이 필요할까?'에 대한 답을 구하는 과정에서 시작되었다. 당시 잠정적으로 내린 결론은 수직 복합화였으며(그림 1) 그 연장선상에서 1985년 학부 졸업 작품으로 도심 복합 건축 중심의 북창동 재개발 프로젝트를 진행한 바 있다.(그림 2) 현역 건축가가 된 이후에는 2005년 행복도시 기본계획 국제현상공모에 이를 적용하여 제출한 바 있고,(그림 3) 2009년에 웨스트 빌리지 프로젝트를 청와대 인근 궁정동에 설계하면서 '무지개떡 건축'이라는 용어와 개념을 본격적으로 정리하기 시작했다.(그림 4) 이후 일련의 무지개떡 건축 프로젝트를 진행했고, 2015년 같은 이름의 단행본을 메디치출판사에서 발행하였다.

무지개떡 건축 이론은 최소 5층 이상, 주거를 필수로 하는 층별 복합 기능 구성, 저층부 외부 계단의 적극적 도입, 지하 주차장 개발이 가능한 최소 대지 면적, 옥상마당의 구성 등 기본적으로 5개의 조건으로 구성되어 있다. 이 조건들은 기존 도시에 대한 관찰, 그리고 실무를 통해 얻게 된 지식과 경험을 바탕으로 주거가 도시에 존재하는 방식에 대해 갖게 된 생각들을 정리한 것이다. 여기에 추가하여 이러한 건축을 구현하는 구체적인 조형 원리로서 '다공성'과 '중첩된 기하학'을 제시하고 있다. 즉 본편과 부편으로 구성된 이론이라고 할 수 있다. 특이하게도 무지개떡 건축 이론의 본편은 단층 위주의 한옥과는 대척점에 있다고 할 수 있으나, 다공성과 중첩된 기하학이라는 부편은 황두진건축이 그간 꾸준히 한옥작업을 해 오면서 체화한 한옥의 조형 원리로부터 영감을 얻은 것이다. 다공성이 고밀도 건축 유형인 무지개떡 건축의 부피에서 오는 위압감을 줄이고 환기, 채광, 외기 접촉 등을 원활하게 하기 위한 개념이라면, 중첩된 기하학은 다양한 기하학적

그림 5. 캐슬 오브 스카이워커스 ©윤수연

그림 6. 무카스 사옥 ©Dolores Juan

그림 7. 연희 혁심거점 설계공모 제출안, 황두진건축사사무소 제공

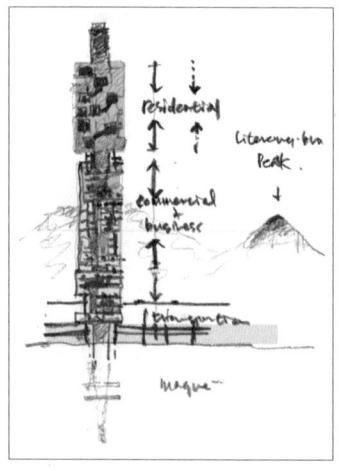

그림 8. 고층 무지개떡 유형 스케치, 황두진 제공

질서를 건축 공간에 도입하여 공간 경험의 질을 높이고자 하는 개념이다. 이런 점에서 무지개떡 건축은 일견 유럽의 전통적 도시 복합 건축 유형의 영향을 받았으면서도, 한국 전통 건축의 개방성과 유연함을 통해 그 폐쇄성과 단조로움을 극복하고자 하는 시도이기도 하다.

현재 무지개떡 건축은 황두진건축의 주요한 프로젝트 계보를 이루고 있다. 현대 사회에서 주거의 개념이 계속 다양하게 분화되고 있는 추세로 보면, 프로배구팀의 복합훈련 시설 및 숙소로 설계된 캐슬 오브 스카이워커스나(그림 5) 도시 외곽에 위치하여 임직원 및 방문객을 위한 숙소를 필요로 했던 무카스 사옥(그림 6) 등을 모두 넓은 의미에서 무지개떡 건축으로 볼 수 있을 것이다. 이런 사례를 포함하면 현재까지 황두진건축이 수행해온 무지개떡 건축 프로젝트는 노스테라스를 비롯하여 20개 남짓으로 현상공모 제출안을 포함하면 그 이상이다.(그림 7) 또한 무지개떡 건축의 조형 원리인 다공성과 중첩된 기하학은 프로젝트의 개별적 성격을 넘어 황두진건축의 작업에 지속적으로 건축적 영감을 주고 있다.

무지개떡 건축 이론 자체도 그 동안 나름 진화의 과정을 겪어 왔다. 큰 틀에서의 변화는 없으나 단행본 발행 이후 한 가지 오해가 발생하는 것을 알게 되었다. 즉 '최소 5층'이라는 무지개떡 건축 이론의 첫 번째 조건을 '무지개떡 건축=5층'으로 오해한 결과 마치 저층 고밀도 유형인 것처럼 잘못 알려지기 시작한 것이다. 단행본 저술 과정에서 한국의 기존 도시 조직에서 사례를 선정하다 보니 발생한 부작용이었다. 현대 도시의 역동성은 유럽 구도심과 같은 획일적인 저층 고밀도 유형만을 수용하기 어려우며, 당연히 무지개떡 건축 이론은 고층의 가능성을 배제하지 않는다. 이에 따라 이후 강의 자료의 표지에는 행복도시 현상공모 당시 작성했던 고층 무지개떡 유형의 스케치를 전면에 배치해 오고 있다.(그림 8) 『무지개떡 건축』 단행본의 속편에 해당하는 『가장 도시적인 삶』에서 개발 시대에 지어진 다양한 상가 아파트를 집중적으로 소개한 것도 이와 같은 맥락에서였다.

또 다른 변화는 역시 코로나로 인한 것이다. 코로나 상황 초기에 전세계 수많은 도시에서 락다운이 일어나고 도시가 텅 빈 충격적인 사진이나 영상이 소개되면서 우리가 지금까지 알아온 도시 문명이 종말을 고할지도 모른다는 경고가 등장하곤 했다. 밀도와 복합을 긍정적으로 수용하는 무지개떡 건축 이론의 입장에서는 매우 심각한 도전인 셈이었다. 물론 과장된 우려였고 오히려 코로나 상황은 무지개떡 건축 이론을 더욱 설득력 있게 만들어주는 계기가 되었다. 기능주의적 용도 구분이 아니라 자연 발생적 과정을 통해 도시 기능이 복합적으로 존재하는 지역이 코로나와 같은 비상 상황을 이겨내는 데

그림 9. 안 이달고 선거운동본부의 '15분 도시'

그림 10. 2015년 정림학생건축상 포스터, 정림건축문화재단 제공

더 효과적이라는 증언들이 등장했고, 2020년에 열린 파리 시장 선거에서는 바로 이러한 생각을 바탕으로 하는 안 이달고(Anne Hidalgo)의 선거 전략인 '15분 도시'가 등장, 전세계적인 관심을 모은 바 있다.(그림 9)

무지개떡 건축 이론을 커뮤니티 차원으로 확대하고자 하는 노력의 일환으로 2020년 런던대학 김정후 박사팀의 의뢰로 한국형 역세권에 대한 연구를 진행했다. 또한 무지개떡 건축에서 한 걸음 더 나아가 하나의 물리적 공간의 기능이 시계열적으로 변화하는 가칭 '동적 기능주의'에 대한 연구 또한 진행해오고 있으며, 조만간 이러한 내용을 별도의 단행본으로 정리할 계획을 갖고 있다. 한편 무지개떡 건축 이론은 2015년 정림학생건축상 '다공성 무지개떡 도시'의 주제로 선정된 바 있고(그림 10) 개성공단의 미래와 관련하여 2019년 하버드 건축대학원 강연에서도 소개하였다. 예일 건축대학원의 저널인 〈Construct〉, 영국의 건축 잡지인 〈Architectural Design〉의 생산도시론 특집 등에서도 그 내용이 일부 소개되기도 했다. 2021년에는 교육방송의 3부작 《도시 예찬》에 매우 중요한 화두로서 등장하는 등 도시의 미래를 이야기하는 데 빠질 수 없는 개념으로 자리 잡아가고 있다고 생각한다.

노스테라스 프로젝트는 이러한 상황을 배경으로 이루어진 것이다. 거대 IT 기업의 수장으로 재직하던 건축주는 임기 종료 후 인생 이모작을 위한 새로운 활동의 거점을 필요로 했다. 그는 이전부터 무지개떡 건축의 개념을 알고 있었고 이를 구현하기 위한 구체적인 계획을 실천에 옮기려는 생각을 갖고 있었다. 지역 선정부터 함께 논의했는데 여러가지 상황을 종합하여 종묘 서쪽 지역을 권했고, 마침 적당한 건물이 매물로 나와 있었다. 지어진 지 5년이 채 안 되는 건물이었는데 신축보다는 증개축이 적절하다고 판단하였고, 건물 매입과 함께 본격적인 설계 작업이 시작되었다. 건물 북쪽으로 창덕궁의 전경이 펼쳐져 있음에도 불구하고 엘리베이터와 계단실이 북쪽을 차지하고 있어 이를 다른 쪽으로 옮기는 것이 물리적으로 가장 큰 숙제였다. 아마도 원설계자는 대지 북쪽에 또 다른 건물이 들어설 것으로 판단하고 창덕궁으로의 경관을 포기했었던 것 같으나, 서울시가 그 자리에 1층 한옥의 돈화문국악당을 건립하면서 상황이 완전히 바뀐 것이었다.

노스테라스는 여러 가지 면에서 무지개떡 건축의 기본 개념이 충실히 구현된 사례다. 우선 입지면에서 구도심은 최적의 조건이다. 특히 서울의 구도심은 현재 상주인구가 조선 시대로 돌아간 상황으로, 이 지역의 상주 내지는 준상주 인구를 조금이라도 늘리는 것은 도시의 미래를 위해 매우 바람직하다. 그리고 저층부 상업 기능, 중층부 업무 기능, 고층부 주거라는 무지개떡 건축의 기본 개념 또한 그대로 적용되었다. 저층부의 경우 지하실은 다양한 문화 활동이 가능한 임대 공간이, 1층에는 한국을

그림 11. 1층 북카페의 기둥
©Dolores Juan

그림 12. 와인 셀러로 변신한 피트 공간
©Dolores Juan

그림 13. 5층 주거의 자투리 공간을 활용한 맨 케이브 ©Dolores Juan

소개하는 외국 서적이 전시되어 있는 북카페가 자리 잡았다. 중층부의 경우 2, 3층에는 세간의 이목을 받고 있는 독서클럽인 '트레바리'가 입주하였고 4층은 법조인 출신인 건축주 내외가 사용하는 법률 및 스타트업 지원 사무실이다. 5층은 주거로서 계획되었으며 건물의 다른 기능과 연계하여 다양한 모임이 가능하다.

무지개떡 건축의 조형 원리 또한 적극적으로 적용되었다. 돈화문 국악당이 거리에 대해 비교적 폐쇄적으로 대응하고 있는 것과는 달리, 노스테라스의 저층부는 개방적인 창호, 외부 계단 등으로 매우 높은 다공성을 확보하고 있다. 중층부에는 길에 면한 다양한 발코니와 거대한 창문이 설치되어 있다. 고층부에는 남북으로 옥상마당이 조성되어 궁궐과 시내라는 두 개의 상반된 경관을 즐길 수 있다. 그 중 궁궐을 바라보는 북측 발코니에서 'North Terrace'라는 건물명이 비롯되기도 했다. 특히 고층부 주거의 경우, 직선과 곡선의 경사지붕을 조합하여 경관적으로는 주변의 다양한 한옥 지붕과 관계를 맺고 내부적으로는 일반 주거에서 찾아보기 어려운 매우 드라마틱한 천장을 구성할 수 있었다. 중첩된 기하학이라는 무지개떡 건축의 조형 원리가 적극적으로 적용된 결과다.

한편 노스테라스는 신축이 아닌 증개축한 건물로서 그 과정의 미학이 건물 여기저기에 흔적을 남기고 있다. 엘리베이터와 계단실을 옮기는 과정에서 기둥이나 보 같은 수많은 부재를 구조보강해야 했는데 여러 부분에서 그 결과를 가리지 않고 그대로 드러냈다. 1층 카페의 경우 심지어 표면을 긁어낸 기둥에 조명을 설치하여 날것 그대로의 미학을 강조했다.(그림 11) 공간적으로도 신축이라면 생각하기 어려운 다양한 우연적 상황들이 만들어졌는데, 현재 트레바리가 사무실로 사용하는 외부계단 옆의 좁고 긴 공간은 언젠가 전시 공간으로 사용될 수도 있을 것이다. 엘리베이터를 옮기고 난 자리의 피트 공간은 현장에서의 회의를 통해 와인 셀러로 변신했고,(그림 12) 5층 주거의 자투리 공간과 경사 지붕 하단을 이용하여 일종의 'man cave'와 다락 등을 만든 것도 흥미로운 과정이었다.(그림 13)

이처럼 노스테라스는 나름의 독자적 서사를 갖고 있는 유일무이한 작품이면서 동시에 무지개떡 건축 이론의 계열 속에 자리 잡은 맥락적 존재이기도 하다. 이론과 작품 양쪽을 다양한 방식으로 연계하고 그 끈을 놓치지 않으려 하는 황두진건축의 성격이 잘 드러나는 사례다. 건축역사학회 작품상은 '건축 이론 및 역사의 실천을 위해 제정된 상으로 건축 및 도시의 역사적 맥락을 뛰어나게 해석하여 적층된 시간의 힘을 창의적으로 드러낸 최근 준공작에 수여하고 있다'는 명확한 취지를 갖고 있다. 이러한 관점에서 건축역사학회 작품상은 한국의 건축가로서 생각할 수 있는 가장 명예로운 상의 하나라고 생각하며, 노스테라스가 수상작으로 선정된 것은 매우 특별한 영광이다. 선정 과정에서의 긴 호흡과 개방적인 토론을 통해 스스로의 생각을 점검하는 귀중한 계기를 갖게 된 것 또한 귀중한 경험이다. 특히 함께 후보작으로 올랐던 다른 건축가들의 작업에서도 깊은 감명을 받았다. 이론과 그 구현된 결과 모두에 있어서 여러가지 부족하고 모자란 점에도 불구하고 수상작으로 선정해 주신 것에 감사드리고 앞으로 더욱 정진할 것을 다짐한다.

황두진
2000년 설립된 황두진건축사사무소의 대표다. 서울 구도심에서 작업을 시작하여
점차로 전국, 국외로 범위를 넓혀왔다. 역사와 문화에 대한 관심을 통해
한국 현대건축의 새로운 가능성을 모색한다. 실무 건축가이면서도 저술 및 연구에도
관심을 보여『무지개떡 건축』등 7권의 단독 저서를 펴냈고,
「건축가 이훈우에 대한 연구」와 같은 한국 근대건축 논문을 발표하였다.

크리틱 1.

오버 더 레인보우: 노스테라스에서 본 황두진의 '무지개떡 건축'과 그 너머

김현섭
고려대학교 건축학과 교수

건축가 황두진(1963~)의 존재는 우리 건축계에서 참 뜻깊다. 설계 작업은 차치하더라도 이와 병행해 보여준 저술 활동이 건축 전문가와 대중 모두의 주목을 끌기에 충분했으니 말이다. 『당신의 서울은 어디입니까?』(2005)를 시작으로 지금까지 펴낸 『한옥이 돌아왔다』 (2006), 『무지개떡 건축』(2015), 『다공성·구축술·시스템』(2016), 『가장 도시적인 삶』(2017) 등의 단행본을 보라. 책에 따라 조금씩 다르다. 하지만 아카데믹한 글쓰기보다 힘을 빼면서도 아카데믹한 연구서 못지않은 질량을 가졌고, 그러면서도 맛깔스런 글쓰기로 대중성을 확보하고 있지 않은가?

여기서 우리는 폭넓은 독서와 경험, 그리고 날카로운 통찰력과 지적 호기심으로 무장한 황두진의 저술가로서의 면모를 이해할 수 있다. 물론 그말고도 저술 활동에 열심인 건축가들이 없지 않음을 안다. 그러나 황두진의 글쓰기는 풍부한 인문학적 배경에 더해 실무 건축가로서의 프로페셔널리즘을 적극 반영한다는 점에서 차별화된다. 다시 말해 그의 저술은 자신이 맞닥뜨린 콘텍스트와 과업에 대한 아주 구체적이면서도 유효한 문제 해결법을 전제하고 있다고 하겠다. 이 때문에 나는 혹자가 그를 '건축 인문학자'로 칭한 것에[1] 반만 동의한다. 그는 모호한 말이나 아스라한 이상만으로 문제를 얼버무리지 않는다. '보급형 상품'으로서의 '국민한옥을 위하여' 조목조목 정리해 낸 제안이든,[2] 고밀도 직주복합의 도시적 삶을 위한 '무지개떡 건축지수'든[3] 독자의 찬반 여부와는 별개로 거기에는 실천적 구체성이 명쾌하게 표현돼 있다. 21세기 한국건축을 향한 황두진식의 '프로그램과 매니페스토' 아니고 무엇이랴? 그가 참조했던 조선 후기 실학자 풍석 서유구와 청담 이중환도 옳다구나 장단을 맞출 법하다.

아무튼 황두진의 저서들은 하나같이 제각각의 존재근거를 뽐낸다고 하겠는데, 특히 『한옥이 돌아왔다』와 『무지개떡 건축』이야말로 현재의 황두진 건축을 가장 잘 보여주는 책이라 생각한다. 『한옥이 돌아왔다』는 그의 전기 경력에서(아직 진행 중인 그의 경력에 대한 시기 구분이 부당할지 모르지만 대략 전기를 2000년 독립한 때로부터 첫 10년으로 상정할 만하다) 제일 도드라진, 그래서 그의 대중적 인지도를 높여준 책임에 틀림없다. 그는 우연히 맡게 된 북촌의 한옥 리노베이션에서 시작한 한옥 프로젝트 연작을 이 책에 담는다. 그리고 전술한 국민한옥을 위한 제안도 덧붙였는데, 이로써 2000년대 한옥 부흥을 이끈 핵심 건축가로 자리매김하게 됐다. 하지만 황두진은 자신이 '한옥 건축가'로(만) 인식되는 것에 상당히 부담을 느낀 듯하다. 그리고 이 책이 너무 가볍게 소비되는 것을 거부하며, 2014년 이를 과감히 절판한다. 한옥 작업은 리노베이션이건 신축이건, 그가 진행하는 다양한 프로젝트의 일부일 뿐이며, 현대 건축가로서 그는 주어진 과업에

---

[1] 이석재, 「황두진과 건축의 인문학」, 『다공성·구축술·시스템』, 황두진 편, 열린집, 2016, pp. 17-19.

[2] 황두진, 『한옥이 돌아왔다』, 공간사, 2006, pp. 271-284.

[3] 황두진, 『무지개떡 건축』, 메디치미디어, 2015, pp. 254-255.

최상의 솔루션을 제공할 뿐이다. 황두진은 스스로를 '과학과 기술의 힘'을 믿는, 현실 가운데 '합리적이고 이성적인 태도'로 작업하는, 여전한 모더니스트로 규정하고 있다.[4]

이러한 모더니스트 황두진이 우리의 도시 현실에 대응하는 건축 개념을 『무지개떡 건축』에 담았다. 『한옥이 돌아왔다』 이후 근 10년만의 어젠다(agenda)인데, 그는 '무지개떡 건축'이라는 말을 2010년 즈음부터 사용한 것으로 여긴다.[5] 그리고 그 아이디어의 씨앗이 30년을 거슬러 학창시절의 프로젝트에서 이미 배태된 듯하니, 이 개념은 실상 그의 경력 전체를 관통하는 생각의 압축판이라 하겠다. 더구나 한옥에 대한 자신만의 현대적 해석마저도 포괄한다.

도시의 현실과 '무지개떡 건축'

'무지개떡 건축'은 한마디로 말해 주거 기능을 포함한 저층 고밀도의 복합용도 건축물이다. 우리가 늘 접하는 현대 도시의 단일용도 건축물, 그의 말로 '시루떡 건축'과 대비되는 유형인 것이다. 황두진이 문제시하는 전형적인 시루떡 건축은 '단지화된 아파트'다. 아파트 자체로는 동일한 유닛이 적층돼 건축적으로 무척 단조로울 뿐만 아니라 단지 주변에 담을 두르고 있어 이웃에 폐쇄적이다. 좀 더 큰 관점에서 보자면, 아파트 단지가 전제로 하는 직주분리형 삶의 패턴은 출퇴근에 많은 시간과 에너지를 요할 수밖에 없어 여러모로 반환경적이다. 신도시의 아파트 단지는 특히 그렇다. 한데 문제는 아직 아파트 단지만한 대안이 없다는 데 있다. 그렇다고 손놓고 있을 텐가?

황두진은 우리 도시가 요구하는 문제의 핵심이 '밀도', 즉 건물의 용적률에 있음을 적확하게 간파한다. 아파트만큼의 밀도가 확보되지 않으면 보편적 대안이 될 수 없기 때문이다. 그리고 주거와 여타 기능의 '복합'을 우리의 도시건축을 위한 또 다른 대안적 조건으로 내세운다. 활기찬 가로를 만들고 도심 공동화를 막으며 직주근접의 친환경적 삶을 앞당기기 위해서다. 이 같은 대안적 건축유형이 무지개떡 건축인 것이다.[6] 황두진은 무지개떡 건축이 저층부–중층부–상층부의 3단계 구성을 갖는다고 상정한다. 저층부는 사람들이 오가는 길과 건물이 바로 만나는 까닭에 섬세한 설계가 필요하며, 중층부는 건물 전체의 밀도를 결정하기에 공간 구성의 효율성이 중요하다. 그리고 상층부는 프라이버시 면에서 유리해 주거 공간을 두기에 최적인데, 동시에 하늘과 만난다는 상징성으로 인해 '옥상마당' 설계에 크게 유의해야 한다. 그는 고층 무지개떡 건축을 배제하지는 않지만 4~5층 정도의 건물을 기본으로 생각한다. 이 정도 규모만으로도 건폐율 60%에 서울시

---

[4] "내 자신도 결국 모더니스트다. … 나는 과학과 기술의 힘을 믿으며, 비록 완전한 것은 아니지만 다수가 더불어 살아야 하는 현실 세계에서 합리적이고 이성적인 태도만한 대안이 없다고 생각한다." 황두진, 「나는 여전히 모더니즘을 믿는다」, 『다공성·구축술·시스템』, pp. 7-15.

[5] 『무지개떡 건축』, p. 111. 이는 그의 경력 전기를 2010년 전으로 끊는 것에 대한 근거도 된다. 그럼에도 불구하고 2005년의 『당신의 서울은 어디입니까?』에는 이미 무지개떡 건축의 기본 개념인 (지상 1~2층에 상업시설을 두고 그 위에 주거를 배치하는) '도시 기능의 수직적 분화' 및 '고밀도 저층 수직 도시'와 같은 아이디어가 직접적으로 표출된 바 있다(pp. 145-146, 181).

[6] 사실 우리나라에는 20세기 초부터 1970년대까지만 해도 상가주택과 상가아파트가 무지개떡 건축의 시원적 형태를 지니고 있었다. 이는 황두진이 계속해서 강조하는 점이다.

일반주거지역 최대 용적률인 250%를 충족할 수 있기 때문이다. 이는 김성홍이 주장하는 '중간건축'과 상통하는데[7] 학자의 개념보다 구체화된 실무 건축가 차원의 모델인 셈이다.

그런데 여기서 간과할 수 없는 점은 무지개떡 건축이 테크니컬한 혹은 테크노크래틱한 사회적 조건 못지않게 개성적 디자인을 위한 실천적 아이디어도 제시하고 있다는 사실이다. 이야말로 '중간건축'에서 한 걸음 더 나아간, '중간'을 반짝이게 하는 건축가 어젠다의 차별성이다. 특히 이러한 디자인이 전통의 현대적 재해석을 바탕에 두고 있다는 점을 주목할 만하다. 우선 건물 상층부가 담아야 하는 '옥상마당'을 보자. 르 코르뷔지에의 '옥상정원'을 참조함과 동시에 전통건축의 '마당'을 직접적으로 지시하는 요소다. 이 마당은 상층부의 주거 공간과 직접 연계되며 지붕의 스카이라인을 풍부하게 만들어 주기도 한다. 다른 한편으로 '다공성'과 '중첩된 기하학'은 황두진이 내세우는 무지개떡 건축 디자인의 핵심 특성이다. 전자는 필로티, 발코니, 옥상 등을 통해 건물의 내외부가 만나는 '공극'이 다수임을 뜻하는데, '멩거 스펀지(Menger Sponge)'를 생각하면 이해가 빠르다. 후자는 한 건물에 정형이든 비정형이든 서로 다른 기하학적 체계가 제각각의 구축술을 바탕으로 공존함을 뜻한다. 그에게는 전통 한옥이야말로 다양하게 개폐되는 창호와 대청과 처마 공간으로 인해 다공성이 풍부할 뿐 아니라, 기단과 가구식 목구조와 곡선 지붕으로 인해 중첩된 기하학을 선보이는 건축 유형이다.

이렇게 볼 때 무지개떡 건축물 하나하나는 사회적 조건에서나 개별적 디자인에 있어서나 참으로 매력적이다. 황두진은 이 개념을 개별 건축물 차원을 넘어 이들의 집합이 만들어 내는 마을과 도시에 대한 통합적 전망으로까지 확장하고자 한다. 그리고 이로써 한반도의 남북 모두에 알맞은 정주 환경을 제공한다는 야심찬 비전마저도 내비치고 있다.[8]

무지개떡 노스테라스와 장소의 혼

건축가의 책은 자기 디자인에 대한 이론적 변호이거나 프로파간다(propaganda)이기도 하다. 로버트 벤투리의 『건축의 복합성과 대립성』(1966)이 단적인 예다. 벤투리가 그랬듯, 황두진도 『무지개떡 건축』의 마지막 장에 자신이 디자인한 사례를 담는다. 궁정동 웨스트빌리지(2011)부터 책 출간 당시 공사 중이던 파주의 무카스 사옥(2016)에 이르기까지, 무지개떡 개념을 의식하고 작업한 프로젝트가 대부분이다. 하지만 학부 졸업설계 작품이었던 북창동 재개발(1986)을 넣음으로써, (책 서두에 언급한 3학년 과제물인 한옥풍 주상복합 건물과 함께)

---

[7]
김성홍의 『길모퉁이 건축』(2011)을 보라. 황두진도 김성홍에게 진 빚을 인정한다. 『무지개떡 건축』, p. 13.

[8]
『무지개떡 건축』, p. 253.

© Dolores Juan

이 개념에 대한 학창시절부터의 일관된 관심을 강조한다. 또한 설계자가 아닌 운영 및 심사위원으로 관여했던 2015년 정림학생건축상 공모전을 포함한 것도 눈에 띈다. 공모 주제가 북한의 개성을 대상지로 한 '다공성 무지개떡 도시'였다는 점은 이 개념의 확장성 및 황두진의 야심을 드러낸다고 하겠다. 그래도 역시 궁금한 건 건축가가 직접 실현한 사례다. 건축가의 이론이 현실과 만나 어떻게 작동하는지, 그리고 개별 건축물만의 특수한 상황이 어떠한 새로운 의미를 창출하는지 보여주기 때문이다. 노스테라스가 그렇다.

노스테라스는 율곡로 건너 창덕궁 맞은편에 있던 건물이 2017년 리노베이션으로 재탄생한 것이다. 지하 1층, 지상 5층에 268% 가량의 용적률을 담는 복합용도 건물이니, 매우 모범적인 무지개떡 건축에 속한다고 하겠다. 5층에 옥상마당이 딸린 주거 공간이 놓였음은 물론이고 1층에는 사람들이 항상 드나들 수 있는 카페가 마련됐다. 전형적인 상층부와 저층부의 구성 아닌가. 게다가 지하 1층과 지상 2층도 길에서 통하는 계단으로 연결된 까닭에 무지개떡 건축의 저층부로 볼 수 있고, 3~4층은 임대를 위한 최대 면적을 확보했다는 점에서 중층부 조건에 딱 부합한다. 내용을 보자면 지하 1층에는 각종 모임에 임대되는 다목적 홀이 있고, 지상 2~3층 공간은 현재 한 독서클럽이 사용하고 있으며, 4층은 클라이언트(아내)의 법률사무소(Noh's Law Office)로 쓰인다. '노스테라스'라는 이름은 창덕궁을 바라보는 '북쪽의 테라스(North Terrace)'를 일차적으로 뜻하지만, 클라이언트의 성씨에 대한 오마주(Noh's Terrace)이기도 하다. 건물의 용도뿐만 아니라 이름 또한 복합적이다.

그러나 건물 구성의 '밀도'와 '복합'에 관련한 기본 조건만으로는 충분치 않다. 전술했듯, '다공성'과 '중첩된 기하학'을 효과적으로 반영해야 참다운 무지개떡 건축이 될 수 있기 때문이다. 황두진은 이 건물에 다공성을 확보하기 위해 다양한 방법을 도입했다. 1층의 개구부 및 옥상마당과 연계된 최상층의 공극을 활용한 것은 당연히 예견된 방법이다. 그러나 그 사이 층의 각종 개구부와 유리면을 통해서도 다공성을 증대시켰는데, 주출입구 바로 위에 놓인 2층 발코니의 경우가 특히 주목된다. 아기자기한 동선과 곡면의 유리벽이 함께 하며 작지만 매력적인 열린 공간으로 작동하기 때문이다. 4~5층 벽돌 외피의 일부를 건너쌓기하여 다공질로 만든 것은 디테일에서의 노력이다. 가지런히 오와 열을 맞춘 일련의 구멍이 옥상마당이나 실내 공간에 빛의 유희를 선사할 것이다. 그러나 실내를 감싸는 부분의 다공질은 벽돌 외피 안쪽을 유리로 차폐함으로써 통기성이 결여되어 아쉽다. 말하자면 '시각적 다공성'만으로 축소된 것인데, 내부 공간 형성을 위한 원천적 한계로 보인다.

© Dolores Juan

© Dolores Juan

한편, 중첩된 기하학이라는 특성은 상층부의 조형 요소로 적극 표출됐다. 먼저 5층의 실내 평면이 대략 H자형을 이루고 남북 양쪽으로 크고 작게 패인 공간이 각각의 옥상마당을 이루는 것부터 확인하자. 북쪽의 작은 마당이 본래의 '노스테라스'다. 이 건물의 저층부와 중층부는 기본적으로 평면과 단면 모두에서 직교체계에 근거한 기하학적 구성을 보인다. 1층 카페 출입구 모서리의 곡면(이것은 전술한 2층 발코니로 이어지는데) 정도가 예외일 뿐이다. 그러나 5층으로 오면 이 곡면 모티브가 확대돼 남측 옥상마당을 감싸는 양쪽 벽의 모서리에 나타나며, 실내에서도 다락으로 향하는 안방 옆 계단실 벽에 적용된다. 하지만 이러한 모티브는 수직적 차원으로 전이되며 거실을 덮는 완만한 궁륭(vault) 천장에서 더욱 효과를 높인다. 예로부터 신성을 상징했던 궁륭이 주거 공간과 하늘의 접선을 돕는 형국이랄까. 물론 궁륭만으로 밋밋했을 루프-스케이프(roof-scape)는 궁륭으로 향하는 동서 방향 양쪽으로부터의 역경사 지붕으로 역동성을 얻게 됐다. 중앙의 궁륭으로 내려오는 V자형 지붕의 양날개가 상이한 수평 너비와 물매를 가진 까닭인데, 서로 다른 기하학적 체계가 다각도에서 중첩된 셈이다. 이와 같은 상층부의 조형적 변주로 말미암아 건물의 현대적 세련미가 더욱 고양됐다고 하겠다.

요약하자면 노스테라스는 무지개떡 건축의 좋은 사례이자 자체만으로도 무척 개성적인 건물이다. 그럼에도 불구하고 이 건물을 논하면서 빠트릴 수 없는 요소가 하나 더 있으니, 그것은 바로 장소적 콘텍스트의 독특성이다. 이는 결국 창덕궁 인근에 위치한 노스테라스가 주변 맥락과 얼마나 교감하는지에 관한 문제인데, 핵심은 고궁을 욕망하기 위한 북쪽으로의 열림에 있다. 기존 건물에서 북서쪽에 위치했던 계단실과 엘리베이터를 힘들여 남서쪽으로 옮긴 것은 여기서 기인한다. 앞서 언급했던 '노스테라스'는 물론이고, 북쪽으로 난 크고 작은 창들이 창덕궁을 적극 차경함으로써 노스테라스에서의 거주는 역사의 숨결과 공존할 수밖에 없게 됐다. 게다가 북쪽으로 바로 이웃하는 서울돈화문 국악당의 한옥 건물군도 분위기를 북돋지 않나. 3.1운동 때 민족대표 33인에 속했던 서예가 위창 오세창(1864~1953) 선생의 집터가 그 부근으로 추정되는 것 역시도 '장소의 혼(genius loci)'을 환기시킨다. 5층 북쪽 한편에 마련된 작은 한실에는 오세창이 쓴 당호로 추정되는 편액이 걸려 있다. 노스테라스는 세련된 현대 건축물이지만 장소가 주는 역사적 콘텍스트에서, 한실에 도입된 전통 창호와 좌식 인테리어의 요소에서, 그리고 무지개떡 건축이 바탕하고 있는 재해석된 한옥의 특성에서 깊은 시간의 층위를 내포한다.

오버 더 레인보우: 무지개떡 건축을 넘어서

지금까지 논했듯, 황두진의 '무지개떡 건축' 개념과 그 사례로서의 노스테라스는 실로 맛깔지다. 이 같은 무지개떡 건축의 이론과 실천은 우리의 회색빛 도시를 한층 밝고 살맛나게 만들 것임에 틀림없다. 따라서 나는 이를 기본적으로 적극 지지한다.

그럼에도 불구하고 무지개떡 이론에도 이론(異論)을 제기할 수 있을 것 같다. 지엽적일지 본질적일지 모르겠으나, 나는 여기에 어린아이의 목소리가 빠져있는 건 아닌가 하는 의구심을 지울 수 없다. 불특정 다수의 사람들이 빈번히 오가고 때에 따라 왁자지껄한 소음이 한밤의 숙면을 방해할 수도 있는 도심 상가 위의 주택을, 어린 자녀를 둔 가족이 얼마나 선호할까? 황두진도 이를 의식하지 못한 것은 아니라고 생각되지만[9] 이 사안에 대해서는 전혀 지면을 할애하지 않는다. '무지개떡 건축으로 만드는 동네'가 단지형 아파트라는 '빗장 공동체'의 대안이려면, 그리고 한반도 전체로 적용 범위를 확대하려면 아이들이 살만한 곳이어야 함은 물론이다. 이를 위해서는 1층 가로가 어떻게 아이들에게 친화적일 수 있을지에 대해서도 논해야 할 테다. 아이들의 마당을 빗장 지른 옥상에만 가둘 일이 아니지 않나.[10] 또한 개별 필지를 넘어 동네 차원의 주차 문제 해결을 위해 고심했던 것만큼이나 아이들의 동네 놀이터에 대해서도 고심할 가치는 충분하다. 클래런스 페리(Clarence Perry)의 '근린주구(Neighborhood Unit)'와 같은 20세기 전반의 여러 도시 개념이 이제는 많이 낡은 게 사실이지만 아이들이 걸어갈 수 있는 놀이터와 초등학교를 중심으로 설정됐음은 여전히 시사하는 바가 있다.

어쩌면 실제로 무지개떡 건축은 어린 자녀를 둔 가족을 전제하지 않았을지도 모른다. 노스테라스가 전형적이다. 젠트리피케이션 현상에서도 도심으로 회귀해 살아가는 사람들의 상당수가 팬시한 도시 삶을 선호하는 젊은 커플이나 (무자녀 혹은 자녀를 독립시킨 후의) 중산층 이상의 프로페셔널이라는 사실을 기억하자. 물론 1인 가구의 증가 현상도 생각할 수 있다. 아마도 『무지개떡 건축』에서 황두진이 펼쳐낸 건축론은 여러 유형의 무지개떡 건축 중 기본형으로서의 일부에만 논점이 모아졌다고 이해하는 게 타당할 듯하다. '무지개떡 건축 탐사 프로젝트'라는 부제목이 붙은 『가장 도시적인 삶』도 기존의 주상복합 아파트(단지) 가운데서 '단독형', '단지 결합형', '시장 결합형' 등 더 세분화된 유형의 사례와 가능성을 보여주고 있다. 고로, 황두진이 제안한 무지개떡 건축론은 앞으로 더 많은 변증을 거쳐 더 정교하게 보완될 여지를 남겼다고 생각한다. 이것은 이제까지 이론의 한계이기보다 더 나은 가능성을 향한 희망이라 하겠다. 앞서 강조했듯 어린아이의 목소리를 더 적극적으로 담을 필요도 있고,

[9]
『무지개떡 건축』, pp. 65-66.

[10]
조금 다른 관점의 이야기지만, 베를린에 지어진 르 코르뷔지에의 위니테 다비타시옹(1958) 옥상은 안전 문제로 아예 빗장 지를 수밖에 없었다.

사회적 계층 모두를 어떻게 담을 수 있을까도 관건이다. 그리고 우리 도시가 무지개떡 건축만으로 이루어질 수는 없는 게 현실이니, 어떻게 단독주택이나 단지형 아파트와도 공존할 수 있을지 고민이 필요할 것이다. 더 나아가 우리의 관심이 주로 도시에만 모아져 있는 것도 현실인 듯한데, 이제는 우리의 농촌 건축이 어떠해야 할지도 더 진지하게 궁리해야 하지 않을까? 한반도 전체를 향한 큰 꿈을 꾼다니 말이다. 지금의 무지개도 좋지만 한 걸음 더 넘어보자. 영화 《오즈의 마법사》(1939)의 주인공 도로시가 부른 〈오버 더 레인보우〉의 노랫말이 속삭인다. 무지개 너머, 우리가 꾼 꿈은 현실이 될 거라고.

김현섭

고려대학교 건축학과 교수. 영국 셰필드대학교에서 서양 근대건축을 공부했고, 2008년 모교인 고려대학교에 임용된 이래 건축역사·이론·비평의 교육과 연구에 임하고 있으며, 근래에는 한국 현대건축에 대한 비판적 역사 서술에 관심을 모으고 있다. 그간 일본 건설성 건축연구소 객원연구원, 핀란드 헬싱키대학교 및 알바르 알토 아카데미 객원연구원, 하버드대학교 옌칭연구소 방문학자를 역임했고, 『건축수업: 서양 근대건축사』(2016), 『건축을 사유하다: 건축이론 입문』(역서, 2017), 「DDP Controversy and the Dilemma of H-Sang Seung's "Landscript"」(2018), 「The Hanok Paradox: Modernity and Myth in the Revival of the Traditional Korean House」(2019) 등을 펴냈다.

크리틱 2.

무지개떡이라는 개념

박정현
도서출판 마티 편집장

제3회 한국건축역사학회 작품상 수상작인 노스테라스에 대한 묘사를 여기서 반복할 필요는 없을 것이다. 빼어난 작가이기도 한 건축가의 글, 함께 실린 사진과 도면이 전하는 것 이상으로 노스테라스에 대해 설명하기는 힘들기 때문이다. 대신 노스테라스를 가능케 한 개념인 '무지개떡'에 대한 독해를 시도해보고자 한다. 이 독해를 통해 노스테라스에 대한 이해를 확장시킬 수 있다면 이 짧은 글의 역할은 충분할 것이다. 우선 무지개떡 건축이라는 개념이나 글 또는 책을 가늠해보기 위한 우회로를 랑시에르(Jacques Rancière)에서 찾아보자.

포스트모던을 품은 모던

프랑스의 철학자 자크 랑시에르는 예술과 미적인 것의 체계를 셋으로 나눈 바 있다.[1] 첫 번째는 윤리적 체제로, 플라톤의 철학에서 분명하게 구현된다. 이 체제는 공동체의 이익을 위해 예술이 무엇을 재현할 수 있고, 해서는 안 되는지 조절한다. 예술은 이데아의 모방의 모방이어서 존재론적 가치가 떨어지기에 문제가 되는 것이 아니다. 성인 남자가 예술로 감상적이게 되면 전쟁에서 나약해지기 때문에, 예술은 철학과 윤리의 통제 아래에 있어야 한다. 두 번째는 시학의 체제인데, 아리스토텔레스의 시대에서 19세기에 이르는 긴 시간에 걸쳐 지배적이었다. 보통 시학으로 번역하지만 포이에시스(poiesis)라는 (존재하지 않았던 것을 새로이) 만들어내는 행위 일반을 말한다. 즉 시학의 체제는 만듦의 체제다. 아리스토텔레스의 『시학』은 어떻게 하면 훌륭한 비극을 만들 수 있는지 체계적으로 설명하는 일종의 방법론이다. 건축 이론의 시발점이 되는 비트루비우스(Marcus Vitruvius polio)의 『건축십서』는 시학적 체제의 전형이다. 튼튼함, 쓸모 있음, 아름다움이라는 건축의 삼위일체를 언급한 초반부를 제외하면, 『건축십서』는 배치 방법, 돌과 나무의 종류와 사용법 등을 세세히 정리한 시방서이기도 하다. 르네상스의 알베르티(Leone Battista Alberti)를 시작으로 스카모치(Vincenzo Scamozzi), 팔라디오(Andrea Palladio), 세를리오(Sebastiano Serlio)를 거쳐 19세기 프랑스의 뒤랑(Jean Nicolas Louis Durand)에 이르기까지, 트리티즈(treatise)라 불리는 책 모두가 만듦의 체제에 속한다. 이들은 모두 창작자가 따라야 할 실제적인 지침을 전한다. 그렇기 때문에 이 지식은 역으로 비평의 도구가 될 수도 있었다. 따라야 할 규범과 이상에 어느 정도 도달했는지 점수를 매길 수 있기 때문이다. 마지막이 19세기 칸트를 위시한 근대 미학과 함께 시작된 미적 체제다. 이제 더이상 예술이 따라야 하는 보편적이고 단일한 규범은 존재하지 않는다. 오히려 예술은 자신의 존재 방식 자체, 개별적인 장르의 근본적인 조건 자체를 실천의 토대로 삼아야 한다. 조각을 조각으로, 건축을 건축으로 만들어 주는 조건과 근본 전제는 무엇인지 되풀이해서 실험대 위에 오른다.

[1] Jacques Rancière, *The Politics of Aesthetics* (London: Continuum, 2004), pp. 20-30.

랑시에르가 제시한 구도에서 이 글에 필요한 논점을 두어 개 뽑아내보자. 하나는 20세기 이래 여러 건축가와 논자들의 건축론의 성격을 랑시에르의 틀로 나누어보는 것이다. 오해는 말자. 저 구도가 서로 완전히 배타적인 것은 아니다. 또 시대에 따라 유효한 체제가 하나씩 존재하는 것으로 여기거나 후자가 전자보다 나은 체제로 이해해서도 안 된다. 지금도 미학의 윤리적 체제는 작동한다. 터부와 금기, 예술에 대한 도구적 이해가 온전히 사라지지 않는 한, 이 체제가 완전히 존재하지 않는 사회는 없을 것이다. 시학의 체제도 마찬가지다. 분과학문과 기율(영어로는 한 단어인 discipline)은 만듦의 체제 없이는 유지되지 못한다. 눈여겨볼 또 하나는 이 구도에서 모던과 포스트모던의 구분은 모호해진다는 점이다. 19세기 이래 전개된 모더니즘 속에 이미 포스트모더니즘은 배태되어 있었다. 과거 예술과의 관계를 재설정하는 방식 자체가 모더니즘의 근본 원리였기 때문이다. 포스트모더니즘의 유행이 한참 지난 지금 우리는, 모더니즘과 포스트모더니즘을 날카롭게 양분하는 것이 그리 생산적이지 못하다는 것을 알고 있다. 포스트모더니즘의 전도사로 오해/선해한 리오타르(Jean-François Lyotard)는 이미 같은 진단을 내렸으나 '포스트'를 갈급하던 시절 우리가 그것을 포착하지 못했거나 모른 척했을 뿐이다.[2]

건축가가 자신의 작업을 설명하기 위해 개념을 설정하는 일은 드물지 않다. 한국 건축에 국한해서 말해도 김수근의 궁극공간, 윤승중의 당(堂), 승효상의 빈자나 지문(地文), 김인철의 비움, 민현식의 마당 등 어렵지 않게 찾을 수 있다. 그러나 이 개념은 자신의 작업을 바라보는 틀을 스스로 제기하는 경우가 대부분이다. 그리고 이들은 구체적인 방법을 논하는 것이기보다 건축가 또는 건축이 취하는 입장과 태도에 더 가깝다. 윤리적 입장을 선취하는 개념들이기에 다른 이가 따르길 바라는 열려 있는 언어라고 보기 힘들다. 이들의 개념은 대체로 부정성(negativity)의 사유에 근거한다. 무절제한 개인의 욕망과 적절한 행정의 부재가 뒤엉킨 도시의 혼란함, 자본과 권력의 요구로 만들어진 형태주의 건축 앞에서 진정한 건축이 해야 하는 것은 무엇을 더하는 것이 아니라 빼야 한다는 태도다. 비움, 없음, 빈자, 허 등은 규정보다 부정을 지향한다. 이는 일종의 윤리적 체제다.

반면 황두진의 무지개떡 건축은 이와는 다른 유형의 개념, 건축론이자 책이다. 자신의 작품, 나아가 건축물 일반을 평가하는 비평의 도구에서 한발 더 나아가 행정가나 다른 건축가들이 따르고 동참하길 바라는 방법론이다. 만듦의 체제를 지향한다. 황두진은 무지개떡 건축을 자신의 학부 시절 과제로 거슬러 올라가 설명한다. 생각의 씨앗이 일찍부터 존재했고 그것이 긴 시간을 거쳐 발화했음을 강조하기 위함이나,[3] 실제로 많은 단서가 숨어 있다. 서로 다른 프로그램을 가진 층이 포개져 있고 (엑소노메트릭으로 짐작할 수 있는) 평면은 엄격한 기하학적

---

[2] Jean-François Lyotard, *The Postmodern Condition: A Report on Knowledge* (Minneapolis: University of Minnesota Press), p. 79.
리오타르는 예술 작품이 최초의 포스트모던처럼 보일 때 모던일 수 있다고 단언한다.

[3] 황두진과 같은 세대 건축가라 할 수 있는 김승회, 최욱 등에서도 이런 설명을 들을 수 있다. 이는 단순히 우연으로 여기기 힘든데, 이들이 한국에서든 유학지에서든 본격적인 설계 수업을 받은 첫 세대로 보아도 크게 무리가 없기 때문이다. 수업 시간의 학습보다 실무 현장 경험의 중요성이 지배적이었던 4.3그룹 세대 건축가들과 분명하게 구분되는 지점이다.

질서를 따른다. 반면 옥상 층에는 한옥을 연상시키는 지붕이 양쪽에
배치되어 있는데, 하나는 온전한 모습이나 다른 하나는 파편에 가깝다.
그 사이는 스페이스프레임(space frame)으로 덮여 있다. 옥상을
제2의 지면으로 삼고 있다. 거리에 면한 1층은 건물의 경계면에서 후퇴해
비를 피하거나 내외부를 매개하기 위한 공간으로 처리했다. 3×3의
정방형, 목구조의 결구를 재현한 듯한 부재 처리, 한옥풍 지붕 등,
이 계획안은 무척 절충적이다. 콘크리트 건물에 한옥 지붕이 얼마나
기피해온 대상이었는지를 길게 설명할 필요는 없을 것이다. 질서를
추구하는 태도와 여기에서 벗어나 이질적인 것을 병치하는 관심이
공존한다. 앞의 논의를 빌려와서 말하자면, 포스트모던을 품은 모던이다.
(모던을 간직한 포스트모던이라고 할 수도 있겠으나, 단어의 유효성
측면에서 모던은 포스트모던을 압도한다.) 이를 무지개떡 건축의 일반의
특징으로 읽어도 무방하다.

복합용도 건물과 무지개떡 건축의 차이, 다공성과 중첩된 기하학

주거를 포함해 수직으로 이질적인 기능을 쌓아 올리는 것 자체는 어쩌면
새로울 것이 없다. 꼭대기 층을 주거로 불법 전용한 상가, 고시원과
편의점이며 식당 등이 마구 섞인 건물(고시원이 법적 분류를 떠나 주거로
볼 수 있을지 의문이지만), 최근 노후 재테크의 일환으로 급부상한
'아파트와 바꾼 상가주택' 등 복합용도 건물은 전국 어디서나 어렵지
않게 찾아볼 수 있다. 이런 건물과 무지개떡 건축을 구분해주는 것은
무엇일까? 다공성과 중첩된 기하학이다.

다공성은 간단히 말해 건물의 내부와 외부가 만나는 면적이 많은 상태를
말한다. 매스의 분절 등으로 외기와 면하는 면의 면적을 늘리거나, 입면을
개폐하는 조절장치를 두어 외부와 통하는 것이다. 매끈하고 팽팽한
정육면체는 피해야 할 선택지다. 황두진은 대청마루, 누마루, 처마밑 등
한옥을 다공성이 높은 건물의 전형으로 꼽는다. 어떤 측면에서 다공성은
솔리드한 매스와 보이드한 외부공간을 반복하는 것을 주요 전략으로
삼는 설계사무소 '공간' 출신 건축가들과 4.3그룹 세대 건축가들의
방법론과 유사해 보이기도 한다. 외부공간, 어번 보이드, 채 나눔 등도
모두 한옥에서 모티브를 삼았기에 어쩌면 당연한 이야기인지도 모른다.
그러나 이전 세대 건축가들의 전략은 배치의 차원에서 먼저 이루어졌다.
이때 보이드와 솔리드는 흑과 백, 있음과 없음처럼 상반되나 동일한
위상을 갖는다. 그러나 다공성은 단일한 매스에서도 적용 가능한 논리다.
황두진이 멩거 스펀지(Menger sponge)를 다공성의 전형으로 설명하듯,
다공성은 매끈한 정육면체를 파내 공극을 만들어낸 결과에 가깝다.
다공성은 보이드와는 존재론적 위치가 다르다.

중첩된 기하학은 이질적인 프로그램을 더 적극적으로 수용하고 드러내는 장치다. 도시의 가로와 대응하는 저층부, 다공성을 만들어가며 여러 기능을 수용하는 중층부, 건물의 측면이 아니라 상부에서 하늘과 만나는 옥상마당 등을 갖춘 상층부의 기하학이 서로 다를 수 있고 달라야 한다. 같은 평면이 반복되며 경제성을 최우선의 가치로 삼는 대다수의 건물과 무지개떡 건축이 결정적으로 달라지는 지점이다. 건축물을 수직으로 삼분해 파악하는 것 자체도 그리 낯선 것은 아니다. 건축가가 예로 든 한옥은 물론이거니와, 건물이 처한 물리적·정치적·경제적 상황에 따라 제각각인 베네치아 대운하의 저택, 피렌체나 페라라 등 이탈리아 중북부의 팔라초, 심지어 20세기 초 미국의 마천루도 삼분할 구도를 취하기 때문이다. 무지개떡이 이들과 구분되는 것은 역시 주거를 포함한 복합용도와 기하학적 다양성이다. 요컨대 기능과 형태가 일방향적이기보다 서로를 강화하는 것이 무지개떡 건축이다.

구도심 중간 규모 건축의 전략과 효용

무지개떡 건축은 원리상 주거가 포함된 모든 유형의 건물에 다 적용할 수 있다. 실제로 황두진은 작은 근린생활시설 정도의 크기에서 고층 아파트, 나아가 도시계획에 이르는 규모까지 무지개떡을 적용한다. 그러나 현실적으로 적용 가능한 일차 목표는 중간 규모이고, 그 우선 대상지는 서울이나 지방의 구도심이다. 대개 단독 주택지였다가 다세대나 다가구로 바뀐 곳, 아파트 단지로 전면 재개발을 기다리거나 불가능한 곳이다. 이런 곳은 아틀리에 사무소 '건축'의 영역이기도 하다. 아파트 단지와 중심 상업 지역의 고층 빌딩은 대형 설계 사무소의 몫으로, 그동안 건축 담론의 바깥이나 다름없었다. 주류 건축 담론은 불법과 합법이 오가고 허가가 건축 행위의 거의 전부인 영역과 대자본의 논리에 거의 전적으로 좌우되는 영역을 제외한 중간 영역을 중심으로 전개되어왔다. 앞에서 언급한 여러 개념도 이 중간 규모의 건축물을 해명하기 위한 것이었다. 예컨대 4.3그룹의 건축가들은 근린생활시설에 골목길을 끌고 들어와 계단 공간을 다채롭게 하는 동시에 이를 건물의 주요한 형태적 모티브로 취했다. 그러나 도시를 향해서는 침묵하는 벽을 내세우곤 했다. 90년대 건축가들에게 건축은 도시는 껴안아야 할 대상이기보다 맞서야 하는 것이었다.

중간 영역에 대한 관심은 2000년대 중후반 부상했다. 구도심 일대에 대한 전면 철거 재개발이 더이상 유효하지도 바람직하지도 않다는 반성이 본격적으로 제기된 때다. 또 2008년 금융 위기 후 아파트 가격이 더이상 오르지 않을 것이라는 예측이 팽배한 시점이기도 했다. 건축의 영역은 비건축적 요인에 의해 크게 좌우된다. 아파트 가격이 급등할 때, 주거에 대한 대안은 사람들의 귀에 가닿기 힘들다. 2010년대 집짓기 신드롬 역시 아파트 가격의 안정과 저금리 등과 떼어서 생각할 수 없다. 2009년과 2011년 출간된 김성홍의 연작 『도시 건축의 새로운 상상력』과 『길모퉁이 건축』은 서울의 문제를 각종 통계자료를 통해 도출하고, 건축가들의 전선을 새롭게 설정하는 데 크게 기여했다. 김성홍은 '중간 건축'이라는 느슨하지만 유효한 규정을 통해 서울에서 중간 규모의 건축이 무엇에 집중해야 하는지에 대한 전략을 제시했다. 2015년 출간된 황두진의 『무지개떡 건축』도 이런 흐름과 공명한다. 생각의 씨앗은 수십 년 전으로 거슬러 올라가지만 말이다.

무지개떡 건축이 하나의 건축적 개념과 방법론으로서 얼마나 유효한가, 나아가 성공적인가 여부를 논하기에는 시기상조다. 이론의 효용을 가늠하기 위해서는 훨씬 더 긴 시간이 필요하기 때문이다. 창작의 수단으로서 무지개떡이 효율적으로 작동하기 위해서는 개별 건축의 완성도 이상의 것, 건축 이외의 것이 필요하다. 주거는 정책의 대상이자 수단인 동시에 대부분의 개인들에게 가장 큰 자산이기에 주거 건축의 성패는 건축의 영역을 훌쩍 뛰어넘는다. 시의 주거 정책, 개별 건물의 운용 방법, 생산과 임대 및 분양의 금융 모델 등이 함께 개발되어야 무지개떡 건축이 인프라의 사유화를 가속화하는 아파트 단지화에 대한 작은 대안으로 자리 잡을 수 있을 것이다. 한 건축 개념의 생명은 어쩌면 건축 바깥에서 그 씨앗을 발아시킬 수 있는지에 달렸을 것이다. 무지개떡이 서로 다른 영역에서 가능성을 시험할 수 있는 토양이 되기를 기다려보자.

박정현
서울시립대학교 건축학과에서 박사 학위를 받았다.
『건축은 무엇을 했는가: 발전국가 시기 한국 현대 건축』을 비롯해
『김정철과 정림건축』(편저), 『전환기의 한국 건축과 4.3그룹』(이하 공저),
『중산층 시대의 디자인 문화: 1989~1997』 등을 쓰고, 『포트폴리오와 다이어그램』,
『건축의 고전적 언어』 등을 번역했다. 2018년 베니스 비엔날레 한국관
〈국가 아방가르드의 유령〉(Spectres of the State Avant-garde), 〈아웃 오브 디 오디너리〉
(Out of the Ordinary, 2015, 런던), 〈한국현대건축, 세계인의 눈 1989~2019〉
(Contemporary Korean Architecture, Cosmo-politan Look 1989~2019, 2019, 부다페스트)
등의 전시에 큐레이터로 참여했다. 현재 도서출판 마티에서 편집장으로 일하며
건축 비평가로 활동 중이다.

크리틱 3.

유형학적 형태와 중첩된 기하학

조남호
솔토지빈건축사사무소 대표

도시 건축의 유형으로서 무지개떡 건축

미래가 순간이동 해왔다. 우리는 늘 가까운 미래를 가늠해보며 살고 있지만 COVID-19(이하 코로나19) 팬데믹이 가져온 미래는 너무나도 빠르고 강력하다. '우리가 사는 도시환경은 어떠해야 하는가?' 라는 질문이 코앞에 있다. 오늘날 도시는 뉴 어버니즘(New Urbanism)이 지향하는 대중교통 중심의 도시 교통 체계를 중심으로 재편해왔다. 코로나19 상황은 이러한 흐름에 제동을 걸고 있다. 대중교통 체계가 극대화된 도시 뉴욕은 사람들 간의 높은 접촉 밀도로 인해 가장 위험한 도시가 되었고, 반대편에 있는 LA는 낮은 밀도와 승용차 위주의 교통 체계로 인해 탄소 배출량이 많은 문제의 도시지만 가장 안전한 곳이 되었다. 사회적 거리 두기가 일상화된 상황에서 초연결사회의 도시 공간 구조와 교통 패러다임은 어떻게 변화해야 하는가에 대해 묻게 된다.

세계 주요 도시들은 15분 도시, 또는 10분 동네 등 보행 중심 도시 정책을 추진하고 있다. 파리시의 경우 안 이달고(Anne Hidalgo) 시장이 15분 보행권 단위로 커뮤니티를 구성하는 혁신적인 도시 정책을 주요 공약으로 내세워 재선에 성공했고, 단계적으로 정책을 추진하고 있다. 활력 있는 도시의 조건인 밀도는 전염병 상황에서 위험이 되지만, 보행 중심 도시는 밀도가 유지되는 상황에서도 안전한 방역 단위를 구성하는 데 효과적인 것으로 확인된다. 지역화는 초연결사회에 반하는 듯 보이지만 온라인 기반의 유통망과 정보 통신의 발전은 광역 단위의 이동을 최소화하는 데 기여하고 있다. 변화가 필요한 시기에 앞서 선제적으로 제안된 '무지개떡 건축' 이론은 코로나19 이후의 방역과 보행 중심 도시를 위한 물리적 기반을 만드는 데 기여할 수 있을 것이다.

무지개떡 건축은 넓은 의미에서 '주거복합' 또는 '주상복합'이라고 할 수 있다. 5층 내외 저층의 비교적 중규모이면서 저층부는 상업, 중층부는 업무, 상층부는 주거 공간으로 구성된다. 경제 원리를 적용하여 상업 공간은 층이 높아질수록 임대가가 낮아지는 데 비해 주거 공간은 위로 갈수록 채광과 전망이 좋아 선호도가 높다는 점을 고려할 때, 무지개떡 건축은 경제 원리에 순응하는 자연스러운 도시 건축의 유형이다. 한편, 우리 전통에서는 이러한 유형을 발견하기 어렵다. 개항 이전까지 조선의 수도 한양은 목구조와 온돌 난방 방식의 한계를 벗어나지 못해 단층으로 구성된 도시였다. 낮은 밀도가 도시의 활력을 떨어뜨려 결과적으로 주체적 근대화를 만들지 못한 원인으로 해석하는 학자도 있다. 조선 시대 종로는 길을 따라 시전(市廛)이 형성되어 가로의 면을 형성하고 주거지는 피맛길을 사이에 두고 후면에 배치되었다. 의례적인 성격이 강한 큰길에는 상업 시설이 배치되고, 주거지역은 분리되었다.[1] 근대기 주상 복합 한옥의 경우도 전면의 2층 상가와 후면의 단층 주거로

---

1 김성홍은 그의 저서 『도시 건축의 새로운 상상력』(현암사, 2009)에서 이러한 특성과 함께 테헤란로 도시 설계에서도 나타난다고 설명한다. 테헤란로의 광로와 높은 빌딩의 이면이 바로 주거지역으로 이어지는 특성이 조선 시대 종로길의 그것과 유사하다고 한다.

구성되었다. 상업적 활력이 있는 가로에 면하여 주거가 배치되는 것에 대한 부정적 인식 때문에 적층된주상 복합 유형은 발견하기 어렵다. 건축가가 저서 『가장 도시적인 삶』에서 소개한 일제강점기의 가로형 상가아파트는 도시적 관점에서 좋은 유전자를 가지고 있음에도 불구하고 근대 이후 우리 주변에서 사라졌다. 1962년 마포아파트가 들어선 이래 패쇄적인 단지형 아파트로 대체된 현상이 현재까지 이어져왔으며, 이러한 현상에는 조선 시대 종로와 같이 상업 가로와 주거를 분리하려는 전통적인 관념이 뿌리 깊게 남아 작용하는 게 아닌가 하는 추론을 가능하게 한다. 가로형 무지개떡 건축이 건강한 도시 건축의 유형으로 정착하기 위해서는 주거와 상업 공간 간의 결합 형식에 대한 더욱 면밀한 연구와 작업이 요구되는 이유다.

노스테라스는 외형적으로는 지하 1층부터 지상 4층까지의 임대 상업 공간과 5층 주거 공간으로 구성되어 있다. 흔히 건물을 지어 상층부에는 소유주 본인이 거주하고, 저층부는 단순 임대 공간인 경우가 많다. 이 유형은 도시 공동화를 줄이는 데는 도움이 되지만 도시적 활력을 만드는 효과는 제한적이다. 좋은 선례로서 노스테라스는 한 가지 방향성을 알려준다. 5층에는 건축주가 거주하고, 4층은 건축주 부부의 사무실이다. 2, 3층과 지하층은 그들이 커뮤니티의 일원으로 참여하는 사업화된 '독서 모임'이 임대하고 있다. 1층 카페는 이 독서 모임이 운영하면서 개방적인 카페와 모임 공간을 겸하고 있다. '거주와 일, 여가'가 분리되지 않고 느슨하게 연결되어 있다. 독서 모임이 오피스 빌딩의 큰 공간을 마다하고 이곳을 본거지로 삼은 데는 이 건축물이 갖고 있는 매력, 즉 지역과 길, 동네 커뮤니티와의 관계와 연속성에 있다. 무지개떡 건축의 바람직한 유형은 물리적인 구성과 함께 기획과 운영의 주체가 개인이 아닌 커뮤니티가 되는 경우다. 노스테라스처럼 상업 공간의 비중이 높은 경우 건축주의 사업이나 활동과 연결된 주체들이 참여하는 형식이 되거나, 주거의 비중이 높은 경우 집을 지으려는 여러 사람이 모여 이루는 협동조합형 주택(Co-op housing)을 가정해 볼 수 있다. 1층에 상업 공간을 두고, 상층부에 각각의 요구에 따라 서로 다른 주택이 퍼즐처럼 구성되는 유형이 무지개떡 건축의 이상적인 유형이 될 수 있을 것이다.

무지개떡 건축으로 지속 가능하게 작동하려면 운영 주체들의 의지와 그 관계의 조합과 함께 물리적 기반으로서 건축의 구성이 중요하다. 책 『무지개떡 건축』에서 언급하고 있는 구성 요소 외에도 노스테라스는 향후 다양한 변화에 대응하기 위한 가변적인 요소와 설비 배관 등 고정 요소를 구별하고, 그 구상을 건축에 반영하고 있다. 리모델링 전에는 코어가 중앙에 위치해 실내 공간의 폭이 좁은 'ㄱ자' 형상의 평면으로 되어 있었으나 리모델링하면서 좁은 윙(Wing)으로 코어를 옮겨 평면의 깊이를 두텁게 만들어 가변성을 높였다. 에어컨 실외기를 놓기 위한 발코니와 환기 덕트를 고려하는 것은 앞으로의 변화와 그에 따른 빌딩의 관리와 운영에서 중요한 요소들이다.

유형학적 형태와 중첩된 기하학

노스테라스의 성격을 이해하기 위해서는 건축가의 작업 전체 맥락을 이해할 필요가 있다. 필자는 오래전 황두진의 건축에 대해 "형태가 없다"는 짧은 인상을 말한 적이 있다. 비교적 초기작에 해당하는 가회헌, 춘원당에 대한 인상이었다. 특히 춘원당은 역사적 형태의 참조 없이 한약 제조 공정을 순수하게 배열하는 공간 경험을 형태화하는 과정으로 만들어졌다. 볼륨은 기능을 쌓은 듯했고, 투명유리 안 제조 장치는 생산의 가치를 충실하게 드러내면서 골목 안의 풍경을 묘하게 통합하고 있었다. 형태가 없다는 관점은 어디선가 본 듯하지 않다는 의미를 담은 압축된 비평이기도 하다. 황두진은 스스로 모더니스트라고 말한다. 양식적인 의미보다는 건축이 갖는 추상성이 전제된 절제된 형태 속에 자의식을 바탕으로 작업하는 태도로 이해된다. 이러한 그의 태도는 작품집 『황두진: 다공성·구축술·시스템』에서 중첩된 기하학, 다공성, 구축술, 시스템 등 네 주제로 분류해 설명하는 데서 잘 드러난다. 각각의 작업에서는 대지와 프로그램의 성격에 따라 다양한 형식으로 나타나지만, 공통적으로는 건축의 내적 원리를 중심으로 사고하고 작업한다는 것을 알 수 있다. 그에게 있어 양적으로 비중이 크진 않지만 한옥에서 받은 영향은 커 보인다. 중첩된 기하학, 다공성, 구축술 등은 한옥과 직접 연관된 주제들이기 때문이다. 그러나 그의 건축적 경향은 한옥에서 비롯됐다기보다 한옥을 통해 좀 더 구체화 됐다고 보는 게 정확하다.

그의 건축 주제를 가장 잘 함축하고 있는 작업은 캐슬 오브 스카이워커스라고 본다. 단순한 평면은 프로그램의 변화에 따라 여러 층위의 기하학으로 변주되고, 지붕은 한옥 지붕이 보여주는 3차원 기하학의 중첩된 모습을 보여준다. 태양 고도에 따라 빛을 조절하는 한옥의 깊은 처마와 다공성 외피가 재해석되어 익스팬디드 메탈(expanded metal) 외피로 구현되었다. 배구 선수들의 연습 코트와 체력 훈련장, 그리고 기숙사 등 층별로 다른 기능이 적층된 무지개떡 건축의 전형적인 예를 보여준다. 내부의 복합적인 프로그램의 변화는 표층에서도 드러난다.

작품집에서 보여 준 내적 질서 중심의 주제는 『무지개떡 건축』 출간 이후 변화가 분명해진다. 홈페이지를 보면 '다공성, 무지개떡 건축, 중첩된 기하학, 도시 재생' 등 작품집과는 다른 네 주제로 작업을 분류하고 있다. 작품집과 결이 다른 주제로는 무지개떡 건축과 도시 재생을 들 수 있는데, 도시 재생은 주로 한옥 재생 프로젝트로 다른 주제라 보기 어렵다. 무지개떡 건축을 다른 주제로 분류하는 이유는 작품집의 주제가 건축을 구성하는 내적 원리를 중심으로 구성되었다면 『무지개떡 건축』은 건축을 이루는 외연, 즉 사회 현상과 사람들의 행동 관찰을 바탕으로 하기 때문이다. 건축 구성 원리 중심의 접근보다는 문명적 관점에서 건축을 바깥쪽에서 바라보는 태도에 가깝다. 폭넓은 사회적 공감대를 추구한다는 측면에서 건축이 드러내는 개별적 특성보다는 보편적 가치를 우선하는 유형학적 접근으로 분류된다. 유형(類型)의 의미는 단순한 추상 개념이 아니고 어떤 현상의 공통적 성질을 형상으로 나타내며, 추상적인 보편성과 개별적인 구체성이 통일되어 있는 것을 이른다.

노스테라스의 인상은 무지개떡의 적층된 형태로 인식되기보다는 상층부, 중층부, 저층부로 3분할된 전통적인 도시 건축의 보편적 유형에 가까워 보인다. 중층부 전체가 가변성을 고려한 비슷한 평면이 반복되며 외부는 하나의 인상을 가진 피막으로 싸여 있다. 다공성을 주제로 변주된 입면은 하나의 면으로 읽히고 전체적으로는 덩어리로 인식된다. 무지개떡 건축 개념 구현이 우선이라면 각각의 층이 분절된 인상을 드러내는 일이 중요하겠지만, 노스테라스의 중층부는 고정되지 않은 가변적인 프로그램을 전제하므로 하나의 덩어리로 표현된다. 전통적인 3단 구성은 비교적 고층인 원앤원 63.5에서도 중간층만 길어졌을 뿐 인상이 유사하다. 건축가는 무지개떡 건축 개념의 표상을 우선하기보다는 내용의 속성, 즉 중간층의 가변적 특성을 하나의 인상으로 통일해 중층부로 보이게 했다.

춘원당이나 가회헌이 선례의 참조 없이 고유한 내적 질서와 시스템의 건축화로 생산된 건축이라면, 보편성을 특성으로 유형화한 건축으로서 노스테라스는 서로 다른 성격의 건축이라고 할 수 있다. 하나의 건축 안에서 두 개의 주제는 어떻게 공존하는가가 노스테라스를 읽는 한 관점이 될 수 있을 것이다. 노스테라스에서 볼 수 있듯이 중첩된 기하학은 상층부에서 분명하게 읽히고, 프로그램 특성상 중층부, 저층부에서는 약하게 나타난다. 기하학적 질서와 3단 구성의 유형화된 구성은 합목적적으로 결합할 뿐 서로 간섭하지 않는다. 노스테라스에서 중첩된 기하학, 다공성, 구축술은 개별적 특성일 뿐 무지개떡 건축의 필요조건은 아니다.

© Dolores Juan

© Dolores Juan

© Dolores Juan

© Dolores Juan

84 제3회 한국건축역사학회 작품상 수상작품집

노스테라스, 3단 구성의 건축 언어

노스테라스의 위치는 창덕궁 정문인 돈화문 앞 율곡로 건너편 서울돈화문국악당 좌측 길로 들어서 대로로부터 살짝 비켜서 있는 두 번째 건물이다. 율곡로에 면한 단층의 국악당덕분에 안쪽에 위치하면서도 2층부터는 북쪽 조망이 좋다. 율곡로10길, 마치 낙후된 읍 소재지처럼 보이는 거리는 서울의 다급한 변화로부터 비켜나 있는 곳으로 급격한 변화보다는 신중하게 조금씩 변해가길 희망하게 한다. 이 거리가 변해 나가야 한다면 노스테라스의 건축 언어가 좋은 도시 건축으로 이끄는 선례가 되길 바란다.

노스테라스의 1층은 가로를 향해 최대한 열려 있어 차라리 길의 일부가 되고자 한다. 기존 건물이 그러했다고 하는데, 완만한 경사가 있는 도로의 가장 낮은 레벨에서 진입하다 보니 평균 레벨이 도로보다 아래에 위치해 보행자의 시선을 더 깊숙이 끌어들이는 역할을 한다. 보도블록의 색상과 유사하며, 한 층 높이의 온장 타일 마감으로 단순해진 1층 기둥은 시선을 안쪽으로 이끄는 역할을 한다. 노스테라스의 저층부는 무지개떡 건축의 원칙을 충실히 따르고 있다. 건물 1층에서 중요한 코너부는 여유로운 외부 공간으로 비워져 있고, 외벽에서 안으로 들인 위치에 2층으로 직접 연결되는 외부 계단을 두었다. 2층에는 주 도로를 향해 발코니를 두었고, 남쪽 작은 골목길을 향해서도 외부 계단과 이어지는 발코니를 두었다. 발코니는 인상과 기능에서 가로를 걷는 보행자에게 말을 건네는 장치다. 이 장치들은 1층 임대 면적을 줄어들게 하지만 2층의 접근성을 좋게 해 경제적 가치의 균형을 이루게 하고 건물 전체와 거리에 활력을 부여할 뿐만 아니라 지속 가능한 개발의 요소로서 도시재생에 유리한 형식이 된다.

3단 구성에 의해 가로와 연속성을 갖는 저층부와 하늘과 경계를 이루며 집의 형상으로 재현된 상층부는 유형적 특성을 더 많이 드러내는 부분이다. 이에 비해 중층부는 단순함 대문에 흔히 배경화법적으로 보이지만 오히려 건축가의 고유한 특성을 드러내는 부분이기도 하다. 재료와 구축성, 구성의 형식을 통해 건축의 개별적 구체성이 나타난다. 노스테라스의 중층부는 다소 패쇄적인 느낌의 벽돌 마감과 두 개 층에 걸친 커다란 커튼월 형태의 코너창, 서북쪽 수평 코너창, 그리고 임의의 자연스러운 크기와 구성을 갖는 작은 창들의 조합이 특징이다. 작은 창의 조합과 수평 창은 양괴감을 갖게 해주는 반면, 그의 건축에서 자주 등장하는 커튼월 코너창은 조각적 형태의 상층부와 다소 충돌한다는 인상을 갖게 한다. 중층부의 절제되어 무심해 보이는 표정에 비해 내부에서는 충분한 빛과 주변의 풍경 요소와 긴밀하게 연결되는 위치에 창을 두었음을 발견하게 된다.

상층부는 지구단위계획 지침에 따라 경사 지붕을 채택하고 있지만, 안쪽으로 기울어진 형상으로 인해 남북축으로 비워진 중심 공간의 성격이 강화된다. 남쪽 테라스-거실-북쪽 테라스로 이어지는 중심 공간은 남산이 보이는 도심과 율곡로 너머 창덕궁의 풍경을 하나로 이어준다. 노스테라스의 5층은 제주 보목동 주택의 평면과 형태 구성이 유사하다. 보목동 주택이 동서로 사각 볼륨을 두고 남북을 관통하는 중앙에 볼트 지붕을 두었다면, 노스테라스에서는 평면의 배치 개념은 유사하지만 동서 양쪽의 볼륨이 역경사 지붕을 갖게 되면서 가운데 볼트 지붕과 좀 더 복합적인 기하학이 중첩된다. 리모델링과 증축 과정에서 5층을 철골구조와 경량철골 지붕틀을 적용하여 가능해진 형태이다. 흔히 한옥의 평면은 단순한데 그 공간을 감싸고 있는 목구조 지붕이 만드는 풍부한 기하학은 공간을 풍요롭게 한다. 5층 주택은 한옥의 3차원 공간을 연상시킨다. 평면적으로는 단순하게 통합되어 보이지만 각각의 공간은 다른 형태와 높이의 천장으로 고유한 공간이 된다. 이 집은 거실을 가운데 두고 남쪽과 북쪽에 같은 폭의 테라스가 있다. 주택에서 남향 테라스는 의례적이지만 이 집의 명칭이 되기도 한 북향 테라스는 이례적이다. 남쪽 테라스는 도심 경관을 향해 열려 있으면서 남측 채광을 받아들인다. 안쪽 코너는 적삼목으로 마감된 둥근 벽면으로 처리했는데 시선의 확장과 더 많은 빛을 받아들이는 데 효과적이다. 북쪽 테라스는 조선 최고의 궁궐이라고 할 수 있는 창덕궁을 한눈에 끌어들이고, 멀리 북한산 보현봉까지 시선을 확장시킨다. 거실과 두 개의 테라스는 접이식 유리문을 경계로 연결되는데, 두 문을 열면 극적으로 확장된 공간을 경험하게 한다. 극적인 개방성에도 불구하고 거실이 중심성을 잃지 않는 것은 역시 볼트 천장의 힘이다.

보행 도시와 무지개떡 건축

노스테라스의 건축 언어는 3단 구성을 이루는 전통적이고 보편적인 언어와 그의 작업에서 일관되게 보이는 기하학, 다공성 등의 언어가 중첩되어 나타난다. 확정된 프로그램을 바탕으로 한 캐슬 오브 스카이워커스에서는 보편성과 개별성이 융합된 형태로 드러난다. 앞으로 기하학과 구축술 같은 건축의 내재적 원리를 중심으로 한 작업과 도시 재생 등 문명적 관점에서 접근하는 작업이 교집합으로 이루어지는 건축 영역에서 황두진 건축의 다양한 연구와 작업을 기대하게 한다.

무지개떡 건축은 건축가가 도시 건축의 바람직한 유형으로 보고 발전시켜 오고 있는 개념으로서 주거와 다른 기능이 복합된 건축 유형이다. 도시의 밀도를 충분히 유지하면서도 거리의 활력과 개인 영역의 존중, 자연과의 충분한 접촉, 주거에서의 조망 등을 확보할 수 있는, 보편적이면서도 고유한 특성을 동시에 갖는 도시 건축의 유형이다. 사회적으로는 도심 공동화 대책과 유동 인구의 유입을 통해 상업적 활력을 만들어내 도시 재생의 방법이 된다. 건축가 개인의 관심 영역을 넘어 보편적 확산을 위해서는 도시 건축 분야의 공감과 제도화, 정책화로 이어져야 할 것이다. 무지개떡 건축의 방법은 '15분 보행도시'와 같은 도시 정책이 제도화되는 과정에서 중요한 세부 과제 중 하나가 될 수 있을 것이다.

조남호
솔토지빈건축사사무소의 대표 건축가이자 서울시 건축정책위원, 한국건축가협회의 부회장으로 활동하고 있다. 서울시립대와 성균관대학교 건축도시디자인대학원에서 공부했으며, 서울시립대와 서울대 등에서 수년간 강의했다. 1995년 독립 후 긴 시간 동안 삶과 건축, 사회와의 관계를 고민해왔다.
그가 이끄는 솔토지빈은 역사의 선례로부터 지혜를 얻고, 새로운 건축 유형을 만들어 가는 조직으로서의 공동의 지향성과 구성원 각자의 고유성을 존중하는 집단으로 정착해 가고 있다. 건축문화대상 대상, 건축가협회 작품상(5회), 서울시건축상 최우수상, 아카시아건축상 골드메달 목조건축대전 대상 등을 수상했다.

한국건축역사학회 작품상
운영규정

2019년 1월 3일

한국건축역사학회 작품상 개요
한국건축역사학회 작품상은 건축설계 분야에서 건축 및 도시의 역사적 맥락을 뛰어나게 해석하여 적층된 시간의 힘을 창의적으로 드러낸 최근 준공작을 대상으로 하며, 그 건축가에게 수여한다.

수상 후보자의 자격
건축설계 작품을 실현한 건축가 누구나
(학회 회원이 아니어도 무방)

작품상위원회의 구성과 운영
작품상위원회는 작품상의 세부 선정 기준을 정하고, 수상 후보 작품의 추천 및 선정 절차를 총괄한다. 작품상위원회는 건축이론과 비평 분과의 이사로 구성한다. 위원의 임기는 2년으로 하되 연임할 수 있다.

작품의 추천과 선정 절차
1. 수상 후보작은 학회 이사의 추천으로 한다.
   작품상위원회에서는 기간을 정하여 수상 후보작 추천 절차를 진행한다.
2. 작품상위원회는 추천된 작품을 대상으로 1차 심사를 진행하여 3배수 이내의 수상 후보작을 선정한다.
3. 작품상위원회는 작품상선정소위원회를 소집하여 2차 심사를 진행한 후 최종 수상작을 선정한다.

작품상선정소위원회의 구성과 운영
작품상선정소위원회는 작품상위원회 산하에 두며, 위원장(부회장)을 포함한 5인으로 구성하되, 위원은 작품상위원회 위원 2인과 이사회 추천 외부인사 2인으로 한다. 작품상선정소위원회 외부위원은 이사회의 추천을 받아 회장이 위촉한다.

작품상 수상자 확정
작품상위원회에서 선정한 최종 수상작이 이사회에 보고되면, 특별한 결격 사유가 없는 경우 이를 수상작품으로 결정하고 학회 홈페이지 등에 공지한다.

시상의 시기 및 부상
작품상은 춘계학술대회(5월 임시총회) 혹은 추계학술대회 (11월 정기총회)를 기해 시상함을 원칙으로 한다. 수상자에게는 상패를 수여하고 작품집을 발간한다.

건축주

김상헌, 노소라

설계

건축 설계:
(주)황두진건축사사무소
황두진, 오명환, 양정원,
홍진표, 박소나, 신병호

구조 설계:
(주)모아구조기술사사무소

기계 설비:
(주)이래엠이씨

전기 설비:
(주)대경전기설계사무소

토목(측량):
대평 ENC

인테리어(2, 3층 제외):
(주)황두진건축사사무소

인테리어(2, 3층):
조다현(트레바리 직발주)

조경(5층 남쪽 마당):
지니스 가든 조은진

사인 및 그래픽 디자인:
투플러스

음향:
(주)주신에이브이티

카페 자문:
권농동 커피 원일란

시공

시공 총괄:
장학건설 / 장학디자인

현장 대리인:
강영신 소장

철거:
강남건설

철근콘크리트:
강남건설

전기:
부현전기

설비:
한창이엔지

엘리베이터:
티센크루프

알루미늄창호:
테크윈

금속창호:
지영이앤씨

금속:
지영이앤씨

유리:
테크윈

수장:
신원디자인

도장:
신광C&C

목공:
나무와사람

조적:
보인건설

미장방수:
보인건설

타일:
다일건축

큐비클:
데코판넬

에어컨:
한창이엔지

방범:
에스원

소방안전관리자:
김상헌(건축주)

가구 및 집기

가구 구입:
USM(4층 책장 및 책상),
퍼시스 의자(4층),
Herman Miller Eames 의자(1층),
Alias Spaghetti 의자(1층),
Flötotto 의자(지하 1층 및 4층),
Vitra Randi 의자(5층 마당),
Vitra Cité 의자(Jean Prouve, 5층)

가구 제작:
디자인 꼬모
(1층 및 지하층 책장 및 테이블),
아이네 클라이네
(5층 식탁 및 식탁 의자),
황두진건축
(Finlandia Table, 4층)

주방:
디자인 꼬모

알콜 벽난로:
아이맥코리아

사진

김용관,
Dolores Juan,
황두진건축사사무소